高成效學習法則

變動時代個人與組織的最佳學習方法，持續創造超高成效，穩定領先

LEARN OR DIE

Using Science to Build a Leading-Edge Learning Organization

Edward D. Hess
愛德華・海斯

曾婉瑜 譯

目錄

Part I 如何學習

Part I

如何學習

第一章

不學習，就完蛋：建立一個高成效學習型組織

不學習，就完蛋這幾個字，究竟只是一個短短的口號，還是一個企業經營的真理？從我的研究、教學以及為私人和上市公司提供的諮詢當中，我相信，**現在比起以往任何時候，團隊和個人都更需要不斷學習、不斷調適和改進，不然就可能失去競爭力而被淘汰。**[1]為什麼呢？還有，為什麼是現在？

首先，有些組織的商業模式，關鍵在於卓越的運營績效——發展得越來越好，成長越來越快，成本越來越低；也有很多組織依靠創新來推動成長。前者需要一直持續不懈地改進，後者則需要探索發現和嘗試實驗。這兩種方式背後的基礎是什麼？答案就是：學習。

第二，組織內部的成員必須進行學習，組織本身是無法進行學習的。個人必須不斷學習，才能在一個步調快速、變動頻繁、全球性的環境中保持職場競爭力和關聯性。這種環境具有高度不確定性、模糊性和不斷變化等特質，[2]需要我們加以探索、創造與實驗。而這一切都需要學習。

卓越的營運與創新，都仰賴學習。

Both operational excellence and innovation are dependent on learning.

第三，全球化和技術發展不斷加快變化，不斷擴大範圍。今天，新的競爭者可能會在世界上任何地方憑空出現，還可能仰仗著技術，在千里之外就接觸到你的客戶。技術，特別是雲端上的 SaaS（軟體即服務），可減少新創企業所需的資本，從而降低了進入門檻。技術使消費者能夠在任何地方，上網點幾下就可以購買東西。這樣的發展需要更快速的應變，而應變需要組織建制出一個學習的流程，例如批判性思考、批判性對話、實驗等。

不確定、模糊和變動的環境需要我們加以探索、創造、實驗和調適，而這一切都需要學習。

Environments of uncertainty, ambiguity, and change require exploration, invention, experimentation, and adaptation, all of which require learning.

這種日益增加的變化速度造成了變動，縮短了大多數原有競爭優勢、產品和公司的生命週期，還有上市公司執行長的任期。因此，策略的制定必須要更有彈性和分散。為了管理風險，顯然有必要採用數據資料做決策。

在變化更大的環境裡，組織需要建制出一個學習的流程來加快調適。

In more volatile environments, organizations need institutionalized learning processes to enable speedier adaptation.

有鑑於數據資料的數量龐大，取得簡便，建構又很快速，因此一個組織必須不斷學習，才能跟得上時代。數據資料越多，知識建構的速度就越快，就越不可能只有一人知道答案。組織裡需要有固定的流程來促進相互合作，鼓勵建設性的辯論。至於辦公室政治和自我中心則對事情不會有幫助。最重要的是要能夠思考得更好、溝通得更好、做出更好的決定，以及對於不知道的事情採取一種健康的心態。

組織要能夠因應變化，就需要有更多的人學習得更好、更快。

The organizational response to changes requires better and faster learning by more people.

學習的科學

本書的主題是關於學習。人要怎樣才可以學習得最好？哪種類型的組織環境能夠促進（或抑制）學習？必要的學習過程是什麼？個人需要什麼能力，才能學習得更好、更快？**本書是針對個人、團隊主管、經理人和組織的領導人而寫的**，讀者可以從兩個不同的角度閱讀。首先，從個人的角度：**我怎樣才能成為一個更好的學習者？**第二，從組織的角度：**我怎樣才能使其他人，以及我所在的這家公司，學習得更好？**

建立企業學習型組織的這個概念並不算新，它至少已經出現了五十年。一九九〇年，彼得・聖吉（Peter Senge）出版了代表性著作《第五項修煉：學習型組織的藝術與實踐》（The Fifth Discipline）之後，[3] 這個概念便廣受矚目，而且後來還有許多類似主題的書籍陸續出版。那麼，為什麼各位需要這本書呢？

答案是，在過去的二十五年裡，關於學習的科學已有具體的進展，特別是在神經科學、心理學和教育領域；另外從應用的角度來看，關於高度可靠的組織和高度變動的環境這兩方面的研究也是如此。而關於學習的深度理解，包含人如何學習、學習時情緒的作用，以及促進或壓抑學習的環境因素等等，都需要用一種容易應用的方式，更完整地導入商業世界。這就是本書的目的。本書的宗旨即在於綜述關於學習的科學，並回答以下這兩個問題：

1. 一個人如何成為一個更好、更快的學習者？
2. 如何建立一個比競爭對手調適力更好、以及學習能力更強、更快的組織？

本書不是學術論文，不會介紹跟學習有關的各種研究派別，而是想把與上述兩個問題相關的關鍵性概念，做一個全面的綜論。我用這個理念為基礎，來判斷哪些素材要收入書內，以及這些素材的重要性。這些判斷的依據，來自於我多年研究和檢視過四百五十多篇學術文章與六十多本應用學科類專書，同時也受到我在認知和教育心理學領域的教育經驗，以及我在產業界三十年經驗影響。此外，我在教學、研究、寫作，以及為高階主管跟經理人提供諮詢方面（幫助他們提高組織的學習，促進組織的變革）有十二年的經驗，也有助於我做判斷。最後，本書的內容經過了兩位世界一流的認知心理學家審核：一位是重量級的學術研究者和作者，另一位是頂尖的應用研究者和作者。整體來說，我的目標是跨出學術界的象牙塔，介紹最相關的研究結果，並且著重於各位在每天營運與決策規劃中可以運用與實踐的資訊。

由於本書跟學習有關，讓我們先從一個問題開始。猜猜看，哪位執行長說了以下的話：「我們生活在一個競爭更為激烈的環境中。這意味著我們必須比我們未來的競爭對手學習得更快、更好。換個說法，我們必須在競爭激烈的學習環境中勝出。」

在你開始猜測之前，讓我們先想一下剛剛這句話的意思。有沒有數據資料可證明，全世界商業模式變動得更快？這裡有一些數據資料可以參考：

- 一九八〇年，在標準普爾五百指數中上市的公司，平均壽命超過三十年，現在則大約是十八年，而且預計會繼續下降。[4]
- 過去十年中，標準普爾指數中的公司幾乎有一半已被替換。
- 現在，公司持股的平均時間不到十二個月。[5]
- 現在，財星全球五百強企業的執行長平均任期只有四點六年。[6]

除了這些資料，再加上資本市場裡「短期主義」的主導，你就會發現當中有一些強大的趨勢。

那麼上面的那段話是誰說的？各位可能以為是一家科技公司或投資公司的執行長說的，但其實是美國參謀首長聯席會議主席馬丁・登蒲賽（Martin E. Dempsey）將軍說的，當時他是美國陸軍訓練與準則指揮部的指揮官[7]。美國陸軍長期資助重要的應用研究，目的是要實際操練「適應性領導」（能夠一直持續學習的領導人）的概念。而登蒲賽的這段引言正好說明，學習型組織可以出現在任何領域。我也相信，每一個組織或團隊，無論大小，無論是營利還是非營利，無論是上市公司還是私人企業，無論是哪個行業或部門，都可以成為一個更好的學習型組織，並且從中受益。我認為，在本書所探討的、來自各領域的組織中，不論哪位執行長都有可能講出這句話。

建立一個學習型組織

我寫這本書的目的是想提供一個藍圖，讓各位讀者透過這個藍圖，改善你自己的學習，改善組織的學習，並且使你所屬的組織轉變成為一個學習型組織。我綜合了學習、管理和教育等領域的研究，並在我自己的經驗和相關的科學基礎上，創發一個「高成效學習型組織（High-Performance Learning Organization，HPLO）」公式如下：一個高成效學習型組織，需要對的人，在對的學習環境中，使用對的學習過程，就能持續比競爭對手學得更快、更好。

本書的第一部分會把重點放在與學習相關的領域之研究。這部分會幫助我們回答以下問題：誰是合適的人、良好的學習環境要具備什麼重要的因素、哪些關鍵性的思考和溝通流程可以增進學習。我們將分別從認知、情感、動機、態度和行為的角度來檢視學習。我們將會檢視，為什麼人類天生就不想學習，並找到方法來減輕天性的影響。我們也將探究什麼是良好的學習行為，並討論什麼樣的組織系統能夠促發這些行為。這就得要去研究組織領導者和管理者的動機、態度和行為，並考察IDEO、戈爾公司（W. L. Gore & Associates）、Room & Board公司和美軍等學習型組織的做法。第一部分的最後一章是我對蓋瑞·克萊恩（Gary Klein）博士的採訪，他是一位科學家，四十多年來一直從事心理學的研究。他關於決策和學習的研究與思考，為本書第一部分中所討論的許多主題帶來了新的啟發。

第二部分則深入研究了三個學習型組織的典範——三者各不相同，

HPLO = 對的人（Right People）+
對的環境（Right Environment）+
對的過程（Right Processes）

也分別提供我們不同的領悟。第九章探討的是橋水基金（Bridgewater Associates, LP），全世界最大的避險基金，在為投資者創造高報酬方面一直是市場中的佼佼者。這一章深入描述了橋水基金獨特的學習「機器」，它是橋水基金輝煌成就的基礎。橋水基金可能是我研究過最厲害的學習型組織——我的意思是，它的學習文化和流程，完全符合與學習有關之科學研究的發現。橋水基金比我研究過或合作過的大多數組織更能夠直接面對我們的「人性」；另一個、也是唯一一個，我發現極為仰賴學習科學的組織，就是美國軍隊。

第十章是關於軟體公司財捷（Intuit）。財捷公司也是一個有趣的故事，這家一直表現得非常出色的公司，後來決定要改變公司文化和領導模式，建立基於學習型實驗的決策模式，來成為一個更好的學習型公司。讓我著迷的是，財捷公司並不是因為遭逢任何形式的危機而進行這一重大轉型——相反的，它這樣做只是因為它體認到，要在快速變化的商業環境中繼續保持卓越，就必須進行轉型。財捷承擔起了一項艱巨的任務：改變過去行之有效的行為，以便在未來運作得更好。我們將會在這章重點討論該公司的轉型如何迫使其最高層領導人也改變他們的行為。

第十一章是關於優比速公司（UPS，United Parcel Service, Inc.），一個擁有一百多年歷史、運營績效優異的業界龍頭。該公司的文化和以員工為中心的政策，在過去的百年歷史裡推動了持續的應變和努力不懈的改進。在本章中，我們將探討 UPS 是如何創建這種類型的組織。

這三家公司證明了，要建立一個學習型組織可以有不同的方法。雖然基礎的科學和原則是相同的，但實施起來卻更像是由組織的領導者（藝術家）在雕鑿一件藝術品一般。

學習的方法

讀者們或許有人自認為自己是很好的學習者，但本書可能會挑戰你的這份自信。當各位讀到人類的反射性思考方式、我們心智模型的僵化，以及我們自我防衛系統的頑固力量時，請大家務必保持開放的心態。我料想學習的科學將會挑戰各位對如何學習，以及如何在組織中推動學習的許多信念。在每一章的末尾，各位會看到三個反思的問題。一本關於學習的書應該遵循學習的最佳方法，亦即面對新的想法時，花時間反思並記錄自己的心得——這是一種實證有效、可以鼓勵學習的做法。

閱讀此書時，會遇到幾個一直出現的主題，包含：（1）個人和組織的學習是一個改變的過程，必須透過情感來促進，也必須透過在組織中建立批判性思考與合作的流程，來促進學習；（2）學習的質和量會受到領導者和管理者的態度、信念和行為極大影響。我希望這本書裡面有些東西能讓各位覺得有趣，並能幫助各位學習更多，獲得更多。

各位朋友，請保持好奇心，繼續讀下去！

第二章

學習：心智是這樣運作的

學習，牽涉到理解「刺激物」和「刺激物帶來的影響」兩者之間的關係。[1] 如果我吃了一顆藍莓，會吃進養分還是有毒成分？更廣泛地說，我們的學習是為了有系統地理解某個原因會導致什麼效果。當我們更多瞭解刺激物或刺激物類型，我們就學會了「可能性」是什麼——如果是這樣，那麼便可能會導致那樣。換句話說，我學到的是：我只吃一顆藍莓，那還是會餓；如果我吃了一堆藍莓，可能會覺得飽。時間久了，我們在評估刺激物和效果之間的關係時，就會越來越容易察覺其中的細微差異。

隨著我們累積出更多種類的刺激物和刺激物的影響，我們就會發展出故事，將它們連結在一起，這樣就不必逐一去記憶了。例如，若要用文字表達怎樣生存，古人可能會想出這樣的故事：天空變暗時，常會下雨；下雨時常會有閃電；有閃電時往往會發生火災，出現毀壞。而從今天企業生存的角度來講，我們可能會連結起以下故事：當冷鋒來襲，常會下雨；下雨時，生意就會變差，因為天氣不好時人們不想出門。

隨著我們對於自己的故事和類別有了更多信心，它們就會變成某種反射性的、會自動出現的筆記，幫助我們詮釋這個世界。也就是說，它們成為我們的內部作業系統，類似於我們電腦裡的軟體作業系統。這兩個系統都是一種由看不見的網絡連結組成的網路。我們大腦的網絡是透過神經元傳導，以電和化學方式運作，但人類的作業系統與電腦作業系統差別在於，人類的作業系統是在有情感、有意識的環境中運作。

我們的作業系統是自動且無意識地運作，同時形塑我們的感知、注意力、認知處理、學習、情緒和行為。問題是，我們的作業系統並非永遠是對的。我們的作業系統是從我們人生的經驗而塑造出來的，比電腦的作業系統更難重寫。我們的作業系統與電腦的程式編碼不同，會受到我們現有的信念和對世界的看法（即所謂的「心智模型」以及自我防衛系統）強力保護，我們會藉由否認或扭曲現實，來保護自己不受焦慮或恐懼影響。

因為人類的作業系統已經成功讓我們這個物種統治了世界，所以若想改變我們的作業系統，得付出更多力氣（而學習，也需要付出力氣）。所以，若想要打造、運作一個學習型的組織，就需要先瞭解人是怎麼學習，還有哪些環境因素會促進和抑制學習。

學習與認知

人要怎樣學習才最有效果？幾千年來大家一直都在問這個問題。[2]而有好幾種學習方法，已經流傳很久了，例如現在所稱的案例教學法，源自古代中國人和希伯來人，透過詳細研究一個典型的案例來學習，今天許多大學的商學院也都使用這種方法。希臘人還把蘇格拉底的對話法傳承給後世：為了持續尋求真理，導師不斷向學生提問，重點正是在於不斷地提問，探究學生觀點的最深處，直到矛盾暴露出來，證明最初的預設有謬誤。[3]蘇格拉底的對質詰問法，令許多法律系學生感到頭痛，但它仍然是法律教學的核心。而羅馬人喜歡直接爭辯，正如經典著作《成人學習者》（The Adult Learner）當中記載的，他們會出言挑戰，迫使群體的成員表明立場，然後加以辯解。[4]今天某些提供專業服務的公司裡，指導者會使用這種教學方法教導年輕的後輩。

透過批判性提問、批判性辯論、讓自己的觀點接受檢驗，再加上旁人給予的回饋來完成學習，這種基本的學習原則早已通過時間的考驗。不過很多公司並不是用這種方式來鼓勵學習，而是想要透過培訓和發展計畫來培養成員必備的一長串能力，但這些計劃的效果不一。最有效的，還是以學習的科學為基礎。幸運的是，我們現在已經比以往更瞭解學習的心理學和神經科學，可以在創建學習型組織時運用這些知識。[5]

人類的學習機制（可以把它想像成機器）跟以下有關：我們的感覺、神經和運動系統、大腦和心智，還有透過電化學傳遞並連接一切的複雜網絡。我們的學習機器已經進化得很有效率，可是這份效率，卻未必適合促發學習新的想法，未必適合孕育出創新、不斷改進。

人類的學習機器運作時會耗掉極大的能量。大腦只占我們體重的百分之二點五，卻消耗了身體百分之二十的能量。[6]因此人類的學習機器比較喜歡在低檔、自動駕駛模式下運作，以盡可能節省能量。諾貝爾獎得主、暢銷書《快思慢想》作者、行為經濟學家丹尼爾・康納曼（Daniel Kahneman）說：「懶散，深植在我們的天性之中。」[7]康納曼指出，我們有兩種不同的思考方式：「系統1」是快速、自動產生的，不用怎麼費心力或根本不必費心力，或者是隨意控制（voluntary control）；而「系統2」是緩慢、費力、需要特別用心與專注。[8]「系統1」和「系統2」這兩個術語最初是由心理學家基斯・史塔諾維奇（Keith Stanovich）和理查・威斯特（Richard West）提出，[9]用來區別什麼是反射性、直覺性、習慣性的思考方式，跟什麼是比較專注但費力的思考方式。跟大多數二分法一樣，它可能不是真的那麼截然分明的二分法，反而比較像是一種連續的狀態。

還有其他說法，在概念上與系統1和系統2大致相同，例如愛德華・德・波諾（Edward De Bono）提出的「縱向」與「橫向」思考；克里斯・阿吉里斯（Chris Argyris）的「單環」與「雙環」思考；沙恩・弗瑞德里克（Shane Frederick）的「直覺」與「反思」思考等。也有人認為，系統1指的是我們的直覺系統，通常是隱性的和情感方面的；而系統2是有意識的、明確的和邏輯的推理。[10]

系統1的習慣性思考，仰賴我們對世界的既定看法（即我們的心智模型），以及我們對刺激和處理捷徑所學會的情緒反應，也就是所謂的「捷思法（啟發法）」（heuristics）。透過回饋，我們學會了在不同情況下該做什麼、不該做什麼。例如小時候我們學到不要在公共場合大喊大叫，年紀大一點的時候則會有更細膩的學習，像是在足球比賽中要大喊大叫，聽交響樂演奏時不要說話。這些心智模型、故事或觀點是奠基於經驗、預設和推論，可能是真的，也可能不是真的。系統1包括我們快速的「非思考」反應、印象、感覺和衝動。[11]我們自然會去尋求確認與證實。

這種自動性使得學習變得困難。因為我們的心智會快速有效地搜尋及處理那些需要驗證與確認的資訊，使得我們變成「帶著確認偏誤的學習者」。此外，我們有一個強大的自我防衛系統，會捍衛我們對自己的現有看法。就如同有另一個備份，如果我們碰巧要處理與自己心智模型「有歧異」的資訊，我們很可能會將這些資訊合理化，使其符合我們已經知道的情況——這種現象就是所謂的「認知失調」。其實，這就是我們的人性。

當我們把認知與情感的處理提升到一個更高的層次，就進入系統2的思考方式。例如，當我們面對一個艱難的決定而評估各種選項的時候，或者當某件事出差錯了而我們試圖找出原因時，系統2就會出現——當我們要分析問題的根源或評估不同的策略方案時，這種類型的思考就會出現。這種狀況常發生在工作職場上，例如，當我們想要真正瞭解客戶需求或評估競爭對手時。成年人的學習，經常必須進行感知、關注、處理，並從異常、矛盾、令人驚訝的結果和與我們認知不符的失敗中，理解箇中意義——這需要系統2的思考方式。此困難之處在於，要感知和處理這些差異是非常困難的，因為我們必須克服反射性的系統1。要切換到系統2，需要用心地培養出一種高度的敏感性，能夠感知到這些不同的結果、矛盾和反常，而這些我們可能能夠理解，也可能無法理解。

系統1的思考方式顯然有其好處，它有利於簡單、重複性的工作（我們已經做了幾百次那種），或者當我們無法解釋，但只是憑著直覺就知道有人在撒謊。可是，我們要如何管理我們的思考方式，使我們在必要時才不會排斥那些沒把握的、與我們觀點不符的資料？我們對系統1的偏好很強。大多數人幾乎一直都是由它所主導，要克服它需要非常用力，通常需要個體與團隊一起努力，因為正如康納曼所說的：「發現別人犯錯（思考方面），要比發現自己犯錯容易多了。」[12]要克服我們使用快速、確認型系統1思考的傾向，我們必須將判斷、結論、意見和信念背後的預設和信念變得透明，也就是「拆解開來」，並根據證據或資料對它們進行檢測。

而要達到上述的境界，就需要有流程、工具和檢查表（第六章和第七章還會說明），也需要其他人的幫助（他們的動機必須正確），更需要一個環境，可以進行批判性辯論，容許自由發言，允許承認錯誤和脆弱，而且不會受到懲罰。人本主義心理學運動的重要創始人亞伯拉罕．馬斯洛（Abraham Maslow）指出，一個人若是很投入學習到某種程度，就不會「被恐懼所束縛，而且感到非常安全，敢於大膽嘗試。」[13]我在第四章和第五章中會更深入討論恐懼這個主題——這是職場中常見的阻礙學習因素。

學習型組織的目標之一，即是要克服系統1思考的弱點或限制。這需要正確的人，在正確的環境裡，使用正確的批判性思考過程和正確的批判性溝通過程。第四章到第七章會分別討論這些變因。

要克服「人性」，才能學習

學習涉及一系列不同的操作，包括對刺激的感知、注意力、編碼、模式匹配或識別、短期和長期記憶、回憶、訓練、回饋、練習、管理情緒、自我管理等等。我們藉由練習、練習、再練習，發展出有效率和有效果的學習技能。[14]要學習得好，必須非常用心；而只要透過刻意的練習和即時的回饋，改善一些弱點，則我們就可以把學習技能磨練得更好。換句話說，我們必須學會「如何」學習。

很多人以為，我們在記憶中編碼的內容是在記錄事件。其實我們對事件的感知並不完美，我們的認知、偏見、情緒和他人的影響等，都會扭曲我們對事件的記憶。同樣地，我們的回憶也非完美。要回想起一些事情並不像是從書架上取下一本書那樣，回憶反而更像是一種「重建」：我們不是像在腦海中重放一部電影那樣來記住一個事件，而是重新創造記憶，方法是把一些零碎的東西組合出我們「以為是這樣」的故事內容。[15]這個重建過程需要我們填補空白，而我們是根據過去的經驗來「猜測」發生了什麼。

小孩子在學習新事物時會覺得驚奇，但成年人有了多年積累的經驗、偏見和情感濾網，學習的範圍往往很狹隘。尤其當新的資訊挑戰我們的心智模型時，更是如此。學習是在新的經驗或證據的基礎上，修正或全盤改變我們心智模型的過程。從本質上講，學習是要從新的或相反的證據中，理解它們的意義，並將它們納入我們的心智模型。這意味著我們必須刻意關注訊息資料，將我們既有的知識從長期記憶帶入工作記憶中，並能夠反思這些訊息資料，將其納入我們的心智模型。這很難。要做到這一點，我們需要保持開放的心態，不要讓我們的偏見或自我防禦來阻礙這個過程。

心智模型和系統1的思考方式可以很有效率地幫助我們在資訊超載的環境中生活，但心智模型和系統1對於「與我們認知不同的新資訊」，就沒辦法處理。正如傑克·梅茲羅（Jack Mezirow）所說，「我們有一種強烈的傾向，會拒絕那些跟我們先入為主不符的想法。」[16]要改變我們的心智模型，需要對我們心智模型底下的預設進行批判性的思考和評估。[17]梅茲羅稱此為「轉變的學習」——變得能夠批判性地覺察出自己心裡的無意識預設，並且評估這些預設跟我們做出的詮釋是否有關。[18]我在第七章會再度詳細討論這個過程。學習時，我們必須去理解新的資訊或與我們信念相衝突的資訊。要有效地做到這一點，我們必須保持開放的心態，並將自我與我們的信念脫鉤。

我們在面對刺激時，也是非常選擇性地去處理。面對同樣新資料產生的刺激，每個人會基於不同的經歷，去關注跟處理的部分並不相同。我們每個人都會專注在資料中看起來「與我特別相關」的部分，而對其他部分視而不見。[19]同一家公司裡的兩名員工，可能會接觸到相同的新資料，但除非在體制內有嚴格運用心智模型，否則每個人都會以符合自己所知的方式處理訊息。若有一個多元化的群體，則可以有助於找到我們認知上的盲點，進而推動學習。

人之所以很難改變，原因來自認知盲點——對於資訊有不同詮釋。因此組織的變革或轉型才會這麼難，除非是死到臨頭了。這也就是為什麼聰明人會做出錯誤的決定，為什麼公司會錯過競爭力的轉變或新趨勢。

若想要學習，想要做出正確決定，那就必須具備優秀的系統2思考方式。人是有缺陷的思考者，許多時候如果學習需要我們改變對世界、對自己的看法，我們就會抗拒學習。那麼，學習就變得更複雜了。本書的大部分內容都聚焦在根據事實的學習；而另一種重要的學習類型，則是學習技能或學習怎麼做某件事。技能學習也需要刻意的學習，而且需要大量的練習。例如，學習如何使用批判性思考流程來思考，便是我在第七章中要討論的一項技能。

即使我們的思考達到了更高的層次，我們思考時仍然會不自覺地抄近路——採用捷思法，這可能會降低我們的思考品質。此外，「認知偏誤」也會影響我們的思考。[20]我們往往很衝動，沒有好好下功夫深入處理。我們傾向於不考慮其他選項，也傾向於狹隘地思考，不去挑戰預設的觀點，也沒有檢視其他觀點。我們還可能粗心大意，不夠精確，思考混亂。[21]

本書主題雖然不在於如何深入解決認知偏誤，但有兩本很不錯的相關專書可供專業經理人和企業領袖：巴澤曼（Bazerman）與摩爾（Moore）的《管理決策中的判斷力》

（Judgment in managerial Decision making, Wiley，2009）和莫布森（Mauboussin）的《三思而行：利用反直覺的力量》（Think Twice: Harnessing the Power of Counterintuition, 哈佛商業出版社，2009）。然而，以下幾類常見的認知偏誤，我們需要謹記在心。

先前已經在討論系統1思考方式的時候，談過了**確認偏誤**——也就是傾向於想要確認我們所相信的、我們希望存在的事物。即使我們是在深思熟慮、並使用系統2思考的時候，這種偏誤也常常導致我們做出的決定與我們之前所做的決定並沒有兩樣。我們往往會抓住一開始跑出來的、感覺是對的決策選項，而不去深入探究其他的選項。因為要更全面、更審慎的思考是很困難的，所以我們多半太早放棄去思考。

可得性偏誤會使得我們選擇最容易的選項。我們傾向於使用最容易獲得或最容易想起的資訊，特別是如果在感知與處理這些訊息時會牽涉到特別強烈的情緒。

自身利益偏誤對我們的影響是，從獲得的資訊來看，理性上應該是要做另一個決定，但卻做出有利於我們個人利益的決定。

錨定偏誤這個傾向，會將我們「拴」在某個特定的東西上，阻止我們深入探究其他的選項。一旦我們專注於某個重要資料上，就很難再遠離這個錨點。

在這一堆偏誤之上，則是我們的**優勢錯覺**。某個決定當然是好的決定——因為是我做的！我們在情感上會偏向自己的決定，然後捍衛它，保護它。

管理我們的思考方式：後設認知

前面的討論證明了，我們很難抵抗自動出現的系統1思考方式，也很難在進行系統2思考時減少自己的偏誤。而「管理我們的思考」這個過程，就叫**後設認知**，它可以幫助我們瞭解自己是如何思考的，並讓我們知道在不同的情況下，採取什麼策略會最有效。[22]有時候我們在做出系統1這種自動反應的決定時，總覺得哪裡不對勁——那可能是一種情感上的提示，告訴我們需要把這個決定提升到系統2這個更高層次、更用心的思考層面。後設認知技能使我們能夠瞭解到，有哪些情況需要我們從系統1切換到系統2思考，以便應用批判性探究和思考過程。後設認知是一項重要的學習技能，而且對學習來說，「意識到，並管理我們的思考方式」太重要了。因此，一個關鍵性的問題就出現了：我們如何學習在什麼時候去控制自己的思考，什麼時候要關閉我們的自動性思考，且把思考提升到系統2的層級？

我們可以利用以下幾個重要的策略，把我們的思考掌控得更好：

- 學習到：在做哪些類型的決定時，需要用心思考或批判性辯論；
- 對於情緒的暗示保持敏銳的感受；以及
- 跟同事一起練習真正的批判性提問或辯論，對我們的思考進行壓力測試。[23]

上述策略全都強調：你必須察覺到「哪些類型的情況或決策，會造成重大的後果，所以不要倉促，要深入思考」。要做到這一點，你需要好好思考自己是怎麼在思考的。每天，你可以想想次日會有哪些情況、會議、事件，或會發生什麼事情，可能需要系統2的思考，然後先在「腦海裡預演」一遍。每天晚上，你可以花十五分鐘在「腦海裡重播」當天的情況，評估哪些發生的事件或許應該要用系統2的思考。你可以建立一個清單，列出可能需要系統2思考的議題、問題或情況的類型。

這是個好方法，可以增進個人學習。但對於閱讀本書的各位來說，它不只跟「你自己」有關，因為你的思考可能會影響到成千上百、甚至數十萬的員工和他們的家庭。所以在正確的時間點做最好的思考，是非常重要的。此外，我們對於企業策略、運營模式、區分客戶價值的不同主張、競爭空間等議題，心底都會有一些關鍵的預設，而你是否能夠讓這些關鍵預設經常接受壓力測試，也是極為重要的。

幾年前我建議，每家公司都要有一個「提出異議的執行副總裁」，這人唯一的工作就是不斷對公司的基本預設進行壓力測試（重新審視、檢討），還要早期偵知潮流趨勢，察覺出可能會挑戰到公司既有商業模式、策略和競爭力的預警訊號。這樣的目的，是在企業組織內部建構出一整個流程，以減弱組織內的人性缺失。

學習的破壞者：自我和恐懼

當一個人一路晉升到管理高層時，他個人的自信心、自我形象往往也高漲，可能導致在智識上和為人處事上都顯露傲慢。通常，一個人對工作的看法，會隨著晉升而變得更加牢固，因為升遷證明了他的知識基礎是對的。有時候在某個技術領域獲得認可的專業知識，會錯誤地導致人們認為自己就是該領域的專家。如果一個高階主管把人生看成是一場自己要獲勝的競爭比賽，那麼他就會為了個人的利益繼續堅持自己的觀點，而不是虛心聽取其他方面的意見。這樣的話，將會抑制個人和組織的學習。

我們的自我——也就是我們對自己的看法，會是我們學習的一個主要障礙。許多時候，學習來自於錯誤或失敗，或其他人不同意我們的觀點，這意味著為了學習，我們往往必須承認自己是錯的。這對很多人來說很困難，因為這麼做會「使他們看起來很糟糕」或「使他們看起來很愚蠢」，或讓他們受到潛在的傷害——成績不好、工作表現不好、沒有獎金、失去工作、失去同事的尊重等等。在克服我們自我防衛系統時，需要審慎、用心和管理我們的感覺和情緒。而其中「恐懼」是一個抑制學習的巨大因素。害怕失敗，害怕看起來很糟糕，害怕尷尬，害怕失去地位，害怕不被喜歡，害怕失去工作，這些都會抑制學習。為了成長，我們必須承認，我們沒有一個人是像我們自以為的那樣聰明。就像世界上最大的避險基金創始人瑞・達利歐（Ray Dalio）說過很有名的這句話：「我們都是愚蠢的混蛋。」

恐懼會抑制學習。以學習者為中心的學習理論有個首要重點，那就是正視恐懼的這股力量。此理論是從人本主義心理學運動中發展出來的。這個運動是要抗衡史金納的行為刺激—反應模型，以及佛洛依德的精神分析理論。人本主義心理學的中心人物是卡爾・羅傑斯（Carl Rogers）和馬斯洛（A. Maslow）。羅傑斯認為，我們學的最好的，就是那些我們認為「有助於維護自我、有助於提升自我」的事。而在以下的教育環境下，最能有效促進這種重要的學習：（a）對學習者自我的威脅降到最低，（b）促使學習者對某領域產生不同的認知。[24] 換句話說，當我們不害怕，當我們相信我們的「老師」是真正關心我們，會幫助我們將新的資訊與我們過去的經驗和知識連接起來，讓我們瞭解新的訊息內容，這時候我們的學習效果最好。

這些論點是感知心理學領域的基礎，該領域在一九六〇年代初期由庫姆斯（Arthur W. Combs）正式提出，他曾在卡爾・羅傑斯門下學習。[25]庫姆斯曾說：「我們知道，當人們感到威脅時，（a）他們的感知會被限縮、聚焦在產生威脅的事件上，（b）他們被迫為自己現有的感知系統辯護。」[26]他還說，當我們對過去的經驗採取較為開放的態度，可以得到許多優勢，包括獲取更多資料；而有了更多的資料，人們的判斷就比較可能是正確的，能做出較好的決定，並且比較能包容模糊性。[27]

著名的哈佛大學教授和學習權威克里斯・阿吉里斯，曾在他的文章《教聰明人如何學習》（Teach Smart People How to Learn）中探討了類似的觀點。他討論了人類的自我防衛傾向，並指出人類會根據四種基本價值觀來決定自己的行動。

1. 保持單方面的控制；
2. 盡最大可能「贏」，盡最大可能避免「輸」；
3. 壓制負面情緒；以及
4. 為了盡可能保持「理性」，會定義明確的目標，並根據我們是否完成這些目標來評估自己的行為。[28]

阿吉里斯表示，這四種價值觀的目的是為了避免尷尬、脆弱或無能的感覺——無能的感覺會使我們擺出「防衛性推理」的姿態，在這種姿態下，我們傾向隱藏我們行為背後的預設，避免它們受到客觀的檢測。[29]馬斯洛、羅傑斯、康布斯和阿吉里斯告訴我們，當我們不恐懼、不防衛的時候，學習效果最好。只有在這個時候，我們才能對新的資訊持開放態度，並經歷梅茲羅前面描述的學習轉變過程。

當我們成為更好的學習者，更願意讓我們對世界和對自己的看法受到檢測，我們的故事和心智模型也會變得更加精細，能夠感覺和區別更複雜的模式，才能在知識的階梯上向上前進。正如愛德華・德・波諾（Edward de Bono）在他的《側向思考》（Lateral Thinking: Creativity Step by Step）一書中寫道：「這個自我組織、自我最大化的記憶系統非常善於創造模式，這就是思考的有效性。」[30]隨著我們在知識階梯往上前進，我們可能有機會達到專家等級。

幾十年前我在讀認知心理學系時，艾瑞克森（K. Anders Ericsson）是系上一位年輕的心理學教授，也是一位世界級專家，專門研究專家如何學習。他的研究顯示，「專家等級」的表現，相較於「非常好」或「好」的表現，差別不在於先天的能力、智商或遺傳差異。[31]差別在於大量的練習——一種特殊的練習。在艾瑞克森的研究中，那些成為專家的人，他們的不同之處在於刻意的、專注的練習。艾瑞克森發現，要成為專家，平均需要一萬小時的集中練習。想想看：要成為一個專家級的思考者或專家級的領導者，要花一萬小時的刻意、專注的練習。艾瑞克森的研究是以他的導師、諾貝爾獎得主赫伯特・賽門（Herbert Simon）的早期研究為基礎，進一步加以細膩的發展。而赫伯特・賽門與威廉・G・契斯（William G. Chase）共同發現，要成為一個真正的專家，需要十年的時間。[32]

什麼是刻意練習？它是在老師或教練指導下，所進行的集中、經過設計、重複的練習，包括針對某個特定部分持續不斷努力，加上同步回饋和重複練習。[33]刻意練習強調在教練或導師的指導下，解決非常具體的弱點，因此在職場上可以直接運用刻意練習來幫助主管和領導者成長。在第十章軟體公司財捷的案例中，就會看到財捷的創辦人史考特・庫克（Scott Cook）和執行長布拉德・史密斯（Brad Smith）是如何談論他們跟導師與教練持續合作，同時公開坦承自己有需要改進的地方。

而在第九章中，各位會注意到橋水基金是如何用制度化的方式來診斷跟找出個人的弱點。

刻意練習的技術也可以在其他組織環境中使用。例如，美國陸軍利用刻意練習的技術設計了「像指揮官一樣思考」的調適性思考訓練，這部分我們將會在後面的章節裡討論。[34]

我的故事：我是如何學會思考

想想你自己的學習故事也是一種不錯的方式，除了幫助各位進入本書接下來內容，也能幫助大家瞭解要如何在自己的人生和公司中應用本書所講的內容。所以就由我來先講。我希望各位也能這樣深入思考自己迄今的學習歷程。

我很幸運，我受過超過二十一年的教育，拿到兩個研究所的學位。你可能會認為，我因為有這些教育背景，所以能夠瞭解在唸大學和研究所期間，怎樣學習才最有效果。但事實並非如此。

在我唸書時，還有頭二十年的工作經歷中，我自認為是快速思考的專家，因為很多時候我都是正確的，所以我很成功。我認為我思考的速度是一種競爭優勢，所以我更加快了自己的思考速度，從來沒有放慢腳步去鑽研、質疑或批評問題。我只是跟隨自己非常快速的思考模式。就這樣，我誤以為自己很會思考。

本章所敘述的關於思考的概念，當年或許我聽過，但沒有好好消化，直到我四十多歲時，在一個星期之內碰到了兩次重大的挫折——我人生首次出現這麼重大的失敗，動搖了我的自信心（或傲慢），使我覺悟到，我並不像自己以為的思考得那麼清楚。這些挫折鼓勵我漸漸去深入思考，並且跟著教練，思索某些對我的心智模型至關重要的預設。這並不容易。我不得不承認，我並不是一個「好」的思考者，我甚至不是我以為是的那個人。我仍然是那個坐在小學教室前排的小孩，每次都以最快的速度舉手，想要贏得老師稱讚，讓大家看到我有多聰明。我必須要改變。必須變得更加謙虛，心胸更加開闊，更會傾聽別人，EQ更好，而且成為一個真正的（而不是一個假的）批判思考者。是的，我要改進的地方還很多。整個過程令人覺得卑微，但也是需要的。

於是，我開始努力成為一個更好的思考者。我學會了真正的傾聽。我學會了暫時放下自己的判斷和快速形成的答案，站在對方的立場，感受對方的情緒提示，並且把注意力放在對方「正在說什麼」和「沒有說什麼」。我學會了在一個人停止說話後，先數到十，然後才開始說話，而不再老是打斷對方說話。因此，我在處理人們的問題時變得更犀利，我也學會了不再以自我為中心。我開始在腦海裡預演即將召開的重要會議，開完會之後在腦海裡重播這些會議，來瞭解我可以怎樣做得更好。我學會了在不經意間傷害別人的感情時，能夠向對方道歉。做為一個領導者，我學會了說：「請；謝謝；我錯了；我不知道；很抱歉；我可以怎樣幫助你？」

漸漸我改變了。結果呢？我的團隊表現得更傑出，使得我任職的公司更加成功。我變得比較真誠，沒那麼高高在上，進而提升了組織的忠誠度和生產力，使得我在職場工作的最後十年獲得更高的薪資回饋，而且同樣重要的是，我的內心覺得很滿足、很有意義。我成了一個更好的思考者、領導者和學習者。

最後那句話很重要：**我因為成了一個更好的學習者，而成為一個更會思考的人**。為了成為一個更好的學習者，我必須讓我的自我安靜下來。這對我的領導方式和成效影響很大。

後來我繼續研究認知心理學，想寫一本關於認知策略的書。我相信，我們的認知侷限，往往導致我們做出無效的決策。那段時間的研究重新激發了我繼續學習的熱情，想要能成為一個真正很會思考的人。不，我必須坦白說，我是想要努力成為一個偉大的思想家。至於我下一個人生的重大階段，則是因為一次健康危機而出現。它促使我變得更用心、更有同理心、更正面。

你的學習故事是什麼？你想過自己是如何思考的嗎？你想過自己的學習歷程嗎？你真的想得夠多嗎？

我們可以這樣想

1. 在本章中，你讀到了哪些令你驚訝的內容？
2. 讀完本章，你最想持續思考、最想採取行動的三個收穫是什麼？
3. 你想改變哪些行為？

第三章

情緒：關於理性的迷思

你是否曾聽過有人說：「不要那麼情緒化，理性一點。」[1]你是否曾在開會時聽到有人說：「我們討論這件事的時候，不要太情緒化。」這些說法是先預設了理性和感性之間存在著二分法。但這種二分法是錯的。在我們的思想和行為中，認知和情感是密不可分的；兩者應該是會變動的、有互動的和相互依賴的。[2]

研究證明，情感及認知會共同掌控我們的心智活動和行為。[3]大腦中主要處理和調節情緒的區域，與大腦中主要與認知功能有關的部分會相互形成網絡。這些部分不僅相互溝通，在某些情況下還重疊。情緒是各種「思考」過程的潛在調節器——從感知與注意力，到內隱學習（implicit learning）和內隱聯結（implicit associatio）。[4]因此在做決定時，我們應該考慮到自己的認知與情緒會相互作用，不要以為只會用到認知，而完全忽視情緒。[5]

你能做到完全合乎邏輯或理性嗎？不能。

情緒能幫助你做出好的決定嗎？是的。

情緒會不會導致你做出錯誤的決定？會的。

根據頂尖神經科學家瑪麗・海倫・伊莫迪諾-楊（Mary Helen Immordino-Yang）和安東尼奧・達馬西奧（Antonio Damasio）的見解，情緒和理性思考的過程會相互作用，使得情緒強力影響我們如何看待世界、學習和做決定。這個相互作用稱為「情感思維」。[6]此外，研究顯示，某些認知的面向，例如學習、注意力、記憶、做決定和社交功能，「既深受情緒的影響，事實上也包含在情緒的過程裡頭」。[7]

那麼，如果認知與情緒在本質上是結合在一起的話，有可能把情緒排除在本書討論之外？當然不能。

這是什麼意思？意思是，我們的情緒對我們反射性的系統1思考和較為審慎的系統2思考，都會產生影響。[8]例如，因為特定經歷或任務而產生的情緒，會影響我們日後從記憶中回想起的是什麼，進而影響我們反射性的、自發性的系統1思考。實際上，情緒會對某些事件與我們的關聯性進行編碼，同樣也能夠影響到回憶這些事件的可能性。此外，我們的心情和對於手邊工作的態度，以及其他人的心情和情緒，都會影響系統1和系統2的思考。

這就是為什麼我們不可能把情緒完全排除在思考和決策之外。我們反倒應該要關注如何、何時需要減輕情緒對我們思考、與他人合作，以及學習的負面影響。很多時候，我們的情緒會是一種早期警告訊號，告訴我們有什麼事情不對勁了，或者我們正在進入一個有風險的領域。在其他時候，我們的情緒會超越我們的思考，阻礙我們深入分析問題。情緒也會掩蓋我們潛在的信念和預設——而我們做出決定和行為的根本原因，卻是出自這些信念和假設。各位是否曾有過一種「直覺」，覺得自己即將做出的決定是錯的？這種感覺的背後是一種情緒反應，如果可以多瞭解這種反應，各位就能夠確定自己是否應該「跟著感覺走」。在第八章中，備受尊崇的研究者暨作家克萊恩博士便講述了他個人「跟著感覺走」的故事。

思想—大腦—身體的連結也會發揮作用。身體的感覺會觸發「影響認知處理」的情緒，而想法會觸發「影響身體」的情緒。[9] 例如缺乏睡眠或覺得饑餓，或者一張坐起來很不舒服的椅子，都會影響工作或學習的能力。同樣，長期的壓力或憤怒也會損害清晰的思考，對健康產生或長或短的影響。而另一面則是情緒影響生理，透過一連串的荷爾蒙和化學神經傳導物質「廣播」到整個大腦，反過來影響身體。我們的心率可能上升，我們可能出汗或感到噁心，我們的呼吸頻率可能增加，所有這些都是情緒反應的訊號。

與其抗拒情緒影響到我們無形的、理智的運作過程，不如接受，並且管理自己的情緒，讓結果更好。我們必須接受科學。即使我們認為自己是非常理性的人，不會流於情緒化，但是我們的情緒仍然影響著我們的思考、交流和行為，也影響到我們如何處理問題，如何處理新的情況和決定。大部分的影響是自動反應、下意識地產生。所以我們的挑戰是要好好覺察自己的情緒狀態，積極主動地管理情緒對我們思考和學習的影響，也就是盡量增加情緒的正面影響，減少負面的影響。

控制和理解情緒

系統2要求我們要覺察並刻意地放慢我們的思考速度，而在許多情況下，我們也需要放慢我們的情緒。我們必須在生理上和心理上控制我們的情緒，這樣才能防止情緒把持我們的思考和行為。深呼吸或散步可以減少生理上的壓力，協助「馴服」情緒。雖然我們無法完全「關閉」自己的情緒，但我們可以刻意試著理性思考整個情況，讓情緒反應「開啟」大腦的認知區域，從而「壓抑」情緒。我們可以控制自己對所感受到的情緒怎麼反應。[10] 在許多情況下，這能夠幫助我們做出更好的決定，保持較為開放的心態。還有一個方法可以讓我們更加關注和瞭解身體訊息和感受，那就是練習專注（按，或有稱正念，本書採「專注」一詞）」，這會在第六章詳細討論。

除了覺察到我們的情緒反應外，重要的是瞭解它們在特定情況下要告訴我們什麼。最基本的是，情緒提供了本能的、「好vs壞」或「趨近vs迴避」的訊息。[11]情緒還傳達了更多細項的訊息，包括「效價／價值」和「喚起」。[12]「喚起」提供給我們關於刺激的訊息，告訴我們是否需要快速採取行動，或者眼前這個刺激的重要性。[13]例如在一個黑暗、荒無人煙的地方，一個看起來不懷好意的人向我們走來，可能會引起我們高度警覺。在職場中，一個難搞的、不友善的主管評論我們的工作表現或當場批評我們，也會引發高度負面的情緒刺激，而影響我們怎麼去傾聽、處理和解釋對方所講的內容。

效價傳達的是關於「價值」的訊息，關於刺激所引發的愉快、不愉快的反應。例如，當我們所愛的人靠近我們，跟凶巴巴的上司靠近我們，我們會有不同的情緒反應。前一種情況會產生正面的情緒，後一種則是負面的情緒。

這一點很重要，因為正面的情緒通常會提升我們的認知過程，而負面的情緒則多半限制和縮小我們的認知過程。[14]另一種說法是，正面的情緒通常會促成更高層次的、系統2的思考，負面的情緒則通常會抑制更高層次的思考，而傾向反射性的、系統1思考的反應。

正向情緒的力量

有相當強的證據顯示，正面的情緒可以提升和促進認知處理、思考和學習。下一章將提出證據，證明正向的工作環境也常能增進學習，因為它們能使人產生正面的情緒。

正向心理學在過去二十多年間蓬勃發展，與認知、社會和情感神經科學幾乎是同時崛起。正向心理學引起了學界對於心理健康、韌性、身心健康的關聯、正向偏差、正向組織等主題進行廣泛的研究。[15] 芭芭拉．弗列德里克森（Barbara L. Fredrickson）教授對於正向情緒的研究是正向心理學運動的基礎，而深入理解她的研究有助於我們瞭解正向情緒對人們職場表現的影響。

研究已經證實，負面情緒存在的目的，是為了人類的生存，因為負面情緒會促使我們採取具體的、由焦慮激發的、自我保護的行為，這對我們的生存很重要——例如要逃跑還是戰鬥。[16] 弗列德里克森的研究和她的「擴展與建構」理論認為，從長遠來看（以千年計），正面的情緒也是為了演化生存的目的，因為它們會提升我們的覺察力，有助於建立我們的生存資源，這反過來又促進了我們去探索、擴大我們關注的範圍，並且擴展行為上的回應、直覺和創造力。[17] 正面的情緒會與以下有關：接受新的想法、更好地解決問題、對不確定的資訊保持開放態度、思想比較不會那麼僵化、對中性或正面的刺激有比較好的回憶，以及自我防衛沒那麼重。

學者愛麗絲・M・伊森（Alice M. Isen）研究了正向情緒對於認知、動機、甚至在工作場所人際互動的影響。[18] 她發現，正面的情緒（和正面的情緒環境）會增強或擴大我們的認知處理和做決策的能力，因為它們提升了我們評估不明確的資料、中性的資料以及不能確認的資訊的能力。正面情緒可幫助我們將新的資訊與現有的知識連結起來，幫助我們發現對於同樣資料是否還有其他的解釋或說明；還有幫助我們減少面對面協商的衝突。[19] 她還發現，當人們在自己身處的環境裡感覺很正向時，可能比較會徹底執行做決策的過程，比較不可能去冒極大的風險。上述所有正向情緒的優點，對於一個學習型的組織更是至關緊要。

對於正向情緒的研究還有另一個重要發現，那就是一個人可以經過訓練，增加自己每天經歷的正向情緒數量，減少負面情緒的數量。[20] 有鑑於正向情緒比負面情緒可以使人學習得更好，這點對於任何團隊來說都很重要。一個人可以透過哪些方式提高自己的正向情緒呢？根據研究，每天至少向三個人表達感激、多微笑、每天寫日誌記錄正面感受的事情、每天花時間想想生活中美好的事物，都可以增加我們正面的情緒。[21]

美軍有項重要政策，恰好證明了正向心理學的力量和適用性，這項政策叫做全面性軍人健康（Comprehensive Soldier Fitness，CSF）計畫，[22] 目標是要訓練一百多萬名軍人，增強他們的心理素質與正向表現。在 CSF 這個專案計畫當中，美國陸軍請來了正向心理學運動的創始人，馬丁・塞利格曼（Martin E. P. Seligman）教授指導。而芭芭拉・弗列德里克森博士和莎拉・B・艾爾戈（Sara B. Algoe）博士當時則是帶領著其中的一個研究小組，並設計一個訓練士兵情緒韌性的計畫。根據科學的證據，提高人們的正向情緒，就可能增強他們的韌性，因此訓練內容包括學習瞭解情緒、瞭解情緒對身心的影響；學習如何管理情緒；學習降低負面情緒出現的頻率，以及增加正向情緒出現的頻率。

相較於正向情緒的正面效果，負面情緒往往對認知處理、決策和學習產生不利影響。它們迫使我們限縮注意力，把更多認知資源分配去處理感知到的威脅——身體上、情感上的威脅。若我們身處於危險的環境中，擁有這種聚焦的注意力當然很好，也是一種保護。然而在大多數企業組織的環境中，這種範圍狹隘的注意力卻不太好，會對學習產生負面影響——當感覺受到威脅時，尤其不利學習，因為「受到威脅」就等於是在「攻擊我們的自我」，於是就會啟動自我防衛系統。

如果人在組織團隊的環境中，持續經歷負面情緒（如焦慮或恐懼），會對學習有害。恐懼和焦慮會損害理解力、創造力和從長期記憶中回溯的能力，[23]導致人們更負面地解釋中性或不明確的訊息，因為他們感覺到有更大的風險出現——無論是真實存在的，還是只是想像到的。[24]關於焦慮和做出決策的研究顯示，焦慮通常會提高以下的可能性：我們覺得未來不會有好的結果、厭惡所有風險、傾向從記憶中回想起負面的事情。[25]

例如，如果我們對新的工作挑戰感到焦慮，或者因為我們被要求改變工作方式，我們就會害怕有最壞的情況產生，因為我們會特別回想起過去類似情況的負面經驗。我們可能會試圖避免自己以為（往往是不理性的）有風險的情況。在這種狀況下，我們就不太可能提出創新的想法，因為我們傾向蜷縮起來，避免風險，只要能生存下來就好。

古格里·伯恩斯（Gregory S. Berns）教授稱恐懼為「所有壓力之母」，[26] 這是因為恐懼會最大限度地啟動我們的壓力反應系統，而且恐懼會淩駕在大腦中所有其他的系統之上。「壓力系統不是理性的」。[27] 大腦中的邊緣系統是我們壓力反應系統的主要部分。在正確的恐懼情況下——例如，火車來了！——會觸動邊緣系統及隨後的壓力反應，能增加我們生存的機會。我們無須經過理性思考如何避開迎面而來的火車，系統1的自動反應就能發揮作用。然而，壓力反應系統的缺點是，不適當的或過度的恐懼會導致邊緣系統超越或劫持我們的思考和每一個認知過程，使我們做出非常糟糕的決定，並且削弱認知方面的處理。

造成我們無法好好學習，或抑制我們學習的背後原因，是對某個事物的恐懼。當我們想要，或需要改變我們行為的時候，恐懼往往使我們無法改變。我們害怕什麼呢？我們害怕同事會發現我們的想法很遜，很蠢；我們害怕自己會丟了去工作；我們害怕失敗；我們害怕別人不喜歡我；我們害怕自己會看起來很糟或很尷尬。

不幸的是，要克服恐懼反應並不容易，我們的內心無法逃避或躲避恐懼。過去可怕的事情，往往會長時間清楚記得，還會記得伴隨著這些可怕事情的恐懼反應。它們被深深烙印在我們的腦海裡。這些記憶使我們在面對類似的情況時，幾乎是瞬間就產生恐懼的反應。這種反應並不太準確，而且就算實際上刺激我們的並不是什麼會讓人害怕的東西，也有可能被觸發。

如果我們不能完全消除焦慮或恐懼反應，那麼問題來了：我們該如何管理或減輕伴隨著恐懼的、不恰當的認知及生理反應？至少有兩種方式可以化解恐懼或焦慮的反應：（1）將情況重新建構得不那麼令人恐懼，和（2）從理性上減少某種情況讓人感覺到的、潛在的、會造成傷害的影響程度。[28]

重塑恐懼反應，指的是將恐懼的情況重塑為不會令人恐懼的情況。這需要一些努力，卻是可以做到的，例如可以想想：這個令人恐懼的情況有無其他合理的解釋。例如你可以對自己說：「是的，我很害怕對著那群區經理們演講，但這是一個很好的學習機會。」

從理性上降低情況令人害怕的程度，可以減輕負面結果造成的劣勢或負面結果出現的可能性，[29]例如你可以對自己說：「好吧，我可能看起來很蠢，但我們只是在頭腦激盪，不可能每個點子都那麼讚。其他人可能也是如此。」我在第五章中會更詳細談到如何找出和減輕對情緒學習的抑制。

瞭解情緒，管理情緒

情緒對於我們如何感知、如何與世界互動，是非常重要的因素。情緒密切交織著感覺、知覺、記憶中的經驗編碼、記憶回溯、思考、做決定、創造力、考慮替代選項、動機、舉止、人生觀、身體的感覺，和我們的生理反應等等。某些類型的情緒，例如恐懼、焦慮和壓力，甚至可以超越我們的認知系統。但我們得瞭解，情緒是可塑的，而且我們可以採取一些措施，避免某些情緒超越了我們的認知系統。這樣也可幫助我們理解情緒的力量。我們確實可以控制自己如何詮釋此刻的情緒，如何管理它們帶來的影響。要做到這點，就得學會如何管理我們的情緒，這樣才能使它們為我們工作，而不是對我們有害。

管理情緒是情緒智商（EQ）的一個重點。大家都知道，情緒智商是指覺察並管理自己情緒的能力。它類似後設認知，也就是覺察到、並更好地管理自己思考的能力。多年來，情緒智商的概念已經發展為四個分支：[30]

1. 感知情緒——辨識和評估口說和非口說訊息的能力。
2. 使用情緒——獲取和產生情緒的能力，這項能力可以促進認知的過程，例如創造力和問題解決。
3. 理解情緒——對自己和他人的感受進行認知處理和瞭解的能力。
4. 管理情緒——調節自己和他人情緒的能力。[31]

這四個分支中，每一個都包含幾個基本能力，總共加起來有十七種能力。情緒智商就像一個人的智商一樣，不是一成不變的，而且可以被提高。今天許多學校都有教導情緒智商的能力，然而在一般公司中，頂多只有討論情緒智商，而且沒有實際操作。關於這十七種能力，如果各位想成為一個更好的學習者，或者想成為一個更好的學習型組織中的成員，不妨深入研究學者彼得・薩洛維（Peter Salovey）、約翰・梅爾（John Mayer）和大衛・卡魯索（David Caruso）的研究，還有梅爾—薩洛維—卡魯索的情緒智力測驗（Mayer-Salovey-Caruso Emotional Intelligence Test, MSCEIT）。一個學習型組織應該優先考慮這十七種能力，盡量教導和示範。

在這四個分支中，我覺得特別有意思的情緒智商能力是「**產生情緒，以促進判斷和記**

憶」的能力，這屬於「使用情緒」分支。我認為這個能力是指我們可以積極想想正面的情緒或記憶，來改變我們的情緒狀態，從而進入一個更好的心態來做決定。如果每次開會前你問一個團隊說：「我們準備好要開始了嗎？」這就太模糊了。最好是問大家是否心情很不錯，感覺很好，或者以一個正面的故事做為每次會議的開頭。

神經科學家理查．J．戴維森（Richard J. Davidson）另有一個模型，可以說明組織環境中情緒所造成的影響。它的基礎是在於判別一個人擁有什麼樣獨特的「情緒形態」，其中包括六種向度：

1. 韌性，或回復力：多快或多慢能從逆境中回復。
2. 展望：能夠維持正面的情緒多久。
3. 社交直覺：能夠多熟練地接收到他人發出的社交訊號。
4. 自我覺識：能夠多敏銳地感知到反映情緒的身體感覺。
5. 情境敏感度：考量處境來調節自己情緒反應的能力如何。
6. 注意力：你的注意力有多準確和清晰。[32]

戴維森的模型使用了一個診斷工具，可以幫我們找出自己在這六個向度上的組合。這個模型有助於我們瞭解自己的情緒，提升自己的情緒智商，更好地管理自己的情緒。這個診斷工具，加上MSCEIT和卡蘿．杜維克（Carol Dweck）的成長型心態診斷工具（下一章會討論），都是非常重要的方法，可以幫助各位雇用到適合在頂尖學習型組織中工作的人。

結論

事實證明，我們都是理性與感性（或感性與理性）的思考者和學習者。那麼，這對我們的目標意味著什麼呢？這意味著個人學習的過程，以及要成為一個學習型組織所需的過程，遠遠較「學習如何更會思考和做出更好的決策」複雜許多。人是有感情的。組織則是有情感的環境。

我們的行為和與他人溝通的方式會直接影響到其他人——也就是會影響他們的學習意願和學習成效。如果在教導的過程中，我們表現的行為讓某個員工產生了負面的情緒，那麼此人的學習能力就會被削弱。如果其他員工看到這種不良行為，他們的學習能力也會受到負面影響。不管我們有意識或無意識地去感知刺激物，抑或不管我們只是預期，但卻沒有感知到刺激物，都會觸發情緒。這些刺激可以透過各種感官而感知，例如管理者的肢體語言；未獲得肯定；沒有眼神接觸；交辦一大堆事情；老是打斷；消極的態度、言語、口氣或面部表情；講話大聲；粗魯；卑鄙；冷漠；不禮貌等等，都可能引發員工的情緒，讓員工不想學習，想要逃避。在令人恐懼的企業文化中，或一犯錯就會受到懲罰的環境裡，通常學習會受到抑制。

我們知道，正向情緒和有正向情感的環境會促進更好的思考與學習。如果**你是一個組織的管理者或領導者，就必須關注你自己的情緒狀態，因為它會影響到你的學習；你也必須留意自己的情緒狀態和行為，因為它們會影響其他人的學習**。本章的內容可以用簡短的一句話總結：正向是一種強大的、有利於學習的力量。

本章要講的另一個重點是，為了盡可能提高我們的學習效果，我們必須敏於覺察自己的情緒並加以管理。就像系統2的思考需要格外努力，我們對自己的情緒要保持覺察並管理，以防止它們抑制或削弱學習，而這需要刻意練習。正如瑞．達利歐所說的：「不要讓你的情緒劫持你的思考。」

我們可以這樣想

1. 在本章中，你讀到了哪些令你驚訝的內容？
2. 你最想反思或採取行動的三個收穫是什麼？
3. 你想改變哪些行為？

第四章

關鍵要素一：合適的人

建立一個學習型組織，就像建造一棟房子。[1]一棟房子需要有地基能撐起整幢建物，需要水電管路系統、屋頂、隔熱設施等。所有構件必須結合起來，才能共同產生預期的結果。這同樣也可以用來建立學習型組織的必要組成要素。在第一章中，我介紹了高成效學習型組織（HPLO）的公式，有三個關鍵組成要素：合適的人員、合適的環境和合適的流程，才能促進學習。在接下來的三章，每一章會集中討論這三個關鍵組成要素的一個。本章的重點是第一個組成部分：人。

一個學習型組織的成員，需要有正確的學習動機和方法——也就是學習心態。高效能的學習型組織願意雇用（或培養）那些喜歡學習和主動學習的人。要培養團隊成員的學習能力，管理者和領導者本身不僅必須是優秀的學習者，也必須是優秀的學習促進者（教師）和榜樣。近年來學者發表了不少關於優秀學習者特性的研究，本章會介紹其中的一些研究，並說明個人的學習傾向和動機背後的一些科學知識。

合適的人：學習的心態

心理學家花了數十年的時間，研究人產生動機、追求目標和獲得成就所使用的方法，會如何影響到學習。而「學習心態」的概念，牽涉到三個相關領域。第一個是關注人的基本動機需求；第二個領域關注個人對自己在學習或挑戰中表現會如何的信念；第三個領域則關注個人如何設定自己的目標，以及對成就的定義。

第一個領域涉及到人類基本的生存需求，以及追求一個有意義的人生。佛洛德認為，[2]我們會尋求或接近快樂及正面的體驗，避免痛苦或負面的體驗。這是心理學的一個基礎概念。從自己和他人的經驗中我們可以瞭解到什麼會產生正面或負面的結果。我們會用從自己的感官、認知和情感系統所輸入的資料，「趨近」那些正面的東西，「迴避」或逃避負面的東西。我們也會把「趨近或迴避」用在學習、面對新的挑戰，以及處理顯然模稜兩可或不確定的情況。

如果我們在兒童時期或在工作中曾有過正面或負面的學習經歷，將影響我們日後的學習傾向。例如，想像一下，假設你的主管鼓勵你試試看用新的方式完成某項任務。你第一次嘗試後，結果並不理想，主管在同事面前嘲笑你。這種反應會讓你以後排斥使用新的方式做事；你會因為之前的負面經驗而避免用新的方法。

員工一旦受雇時，已經對於學習、離開舒適圈等事有了根深蒂固的想法。這些想法來自於他們以前的經驗，有正面的，也有負面的，包括在學校、工作和其他的生活環境。在徵人時採用行為面試法，就是為了要瞭解這些經驗是如何形塑出應徵者對於學習的信念。

第二個領域，牽涉到人面對學習或挑戰的心態。我們已經知道，學習時一定會出現的「痛苦v.s.快樂」，但最新研究已經不再限於趨近與迴避的簡單研究，開始深入探究：在快樂和痛苦之外，還有什麼會激勵著我們的行為。關於動機有非常大量的理論探討。[3]在定義學習心態的方面，特別重要的是愛德華·德西（Edward L. Deci）和理查·萊恩（Richard M. Ryan）的「自我決定」理論。[4]他們認為，人類先天的心理需求包括：（1）自主性——我們能夠選擇、控制採取怎樣的行動；（2）有效性——覺得能夠勝任和有成就感；以及（3）關聯性——感覺與他人相互尊重和依賴。[5]

例如，假設公司要求員工改變目前做事的流程，如果員工對於改變的方式和時機可以提出意見，他／她可能表現得會更好。此外，如果改變是在他的能力所及，而且有提供工具去做改變，就可能會比較有動力。光是參與、提出想法，就可以滿足一個人對自主性的需求。而感覺到自己有能力，並擁有必要的工具來執行改變，則滿足了有效性的需要。這些都會增進學習，並且可以更有效地轉變為新的流程。

同樣，如果學習的時候可以產生一種「與社群連結」的關聯性或歸屬感，就是比較正面的經驗，會提高進一步學習的可能性。在職場上，身為一個優秀團隊的成員，會覺得自己在組織裡受到尊重，並且自己也尊崇該組織的使命，關聯性的需求就會得到滿足。用上面的例子來說，如果員工理解變革的目的，以及這樣做可以為企業的整體使命貢獻出什麼，那麼關聯性的需求也比較有可能得到滿足。

另一個理論跟「自我決定」理論裡的有效性概念相關，那就是著名心理學者、史丹佛大學教授亞伯特．班杜拉（Albert Bandura）的「自我效能」理論。根據他的觀點，自我效能感是我們對於自己是否能做到某事的信念。簡單來說，如果我們相信自己可以做到，我們就比較有可能去嘗試。這種信念的強度會決定我們的學習能否達到效果，以及我們如何面對新的或具有挑戰的情況。它影響著我們的感知、認知處理、目標，以及面對壓力時是強韌還是脆弱。[6]

如果我們有強烈的效能感，我們就會傾向於：

- 接受困難的任務，視為挑戰而非威脅；
- 堅持到底，努力達成目標；

- 將失敗歸咎於努力不足或學習策略不當；
- 面臨困難時會更加努力；以及
- 在失敗或錯誤後迅速復原。[7]

相對的，如果我們在某個特定環境中的效能感較低，我們通常會：

- 逃避困難的任務，認為那會威脅到自己；
- 對我們選擇的目標期望不大，也沒什麼承諾投入；
- 糾結於個人的缺陷、障礙和可能的不利結果；
- 將失敗歸咎於個人的缺陷；
- 遇到困難就迅速放棄；以及
- 難以從錯誤或失敗中回復過來。[8]

當我們面對挑戰，若我們擁有必要的能力和工具，讓我們能夠發揮潛力，適應得很好，我們對自己的能力就會開始有信心。當我們的信心增加，就會比較願意承擔更具挑戰性的任務。

班杜拉說，效能的信念也影響我們如何看待威脅。如果我們相信自己能處理好威脅，那麼我們就不太可能感到困擾。但如果我們認為自己無法掌控它們，那麼我們很可能會極度焦慮，苦惱自己無法適應，認為自己身處的環境中處處充滿了危險，並且放大可能會出現的風險。[9] 在職場上，可能出現的威脅包含產品品質出問題、員工的不良行為、最重要的客戶威脅要把生意轉給其他競爭者等等。我們如何因應這些挑戰，取決於我們是否相信自己有能力處理好問題。

學習型組織的管理者和領導者需要具有自我效能感，而受雇者也需要具有自我效能感。學習型組織需要為年輕一代的員工制定發展計畫（包括發展自我效能感）。在充滿變化、不明確和不確定的工作環境中，自我效能的信念非常重要。如果工作的常態就是會遇到更多和更快的變化，那麼企業擁有相信自己能夠調適和應對的員工、管理者和領導者，將會是一種競爭優勢。如果員工有很強的自我效能感，他們在應對新的挑戰，或探索及找尋新的做事方式時，就會沒那麼焦慮。他們在不確定的環境中不會那麼緊張，並且可以把需要創意或創新的情況處理得很好。他們會從錯誤或失敗中學習，而不會把原因歸咎於自我。因此，他們在學習上就會更有韌性。

自我效能和自我決定的理論可以幫助管理者瞭解員工對挑戰和威脅的反應，也可以幫助員工以最有成效的方式迎接新的挑戰。

管理者若想瞭解員工的學習心態，那麼還得知道第三個相關領域，就是個人如何設定目標和定義成就。這方面的研究產生了一系列的二分法，其中包括外在vs內在的動機，以及表現vs精通的目標導向。[10]

在進一步探討這兩組分類之前，要請大家先留意，二分法是一種實用的簡單方法，或者說是用二選一把人分類的方法。但重要的是，請注意，這些二分法其實是連續的——雖然這些分類法是黑白分明，但在現實中，大多數人都是處在灰色的中間地帶。況且，人們表現出來的行為舉止，有些是取決於手邊在做的事情和環境。二分法還可能會給人貼上「標籤」，就像智商一樣，這樣並不客觀公平。例如我們現在知道，智商不是固定不變的，我們可以在一生中不斷學習，改變我們的大腦。因為我們的大腦具有可塑性，意思是我們的神經迴路和髓突可以持續改變，基本的智力可以提升。[11]同理，已有證據證明，我們也可以改變學習和獲得成就的方法，進而改變自己在二分法中的「分類」。

然而，一般來說，人會出於內在與外在的動機而學習。內在動機可能是：「我喜歡學習，因為它讓我感覺很好。」或「我是為了自己學習。」學習本身就是一種獎勵。外在動機則可能是：「我喜歡學習，因為它能讓我從別人那裡得到一些東西，像是分數、獎勵、認可、名聲、愛、尊重。」外在動機的學習者等於給予外部世界很大的權力來掌控自己的人生和自我形象，並且非常努力想獲得別人「摸頭」。此時學習是達到目的的一種手段，目的是得到他人的認可或讚譽。由於是別人決定了他們的自我價值，所以他們努力避免讓對方失望，比如說，努力避免成績不好，努力避免犯錯。因此，他們往往會避免太多的風險，待在一個能力所及的安全區域。

受外在因素激勵的員工會非常積極追求成功，也相當具有競爭力。他們很在意誰得到好評，他們較以自我為中心，而非以團隊為中心。研究顯示，這類人甚至有可能會封鎖資訊，可能會作弊取勝。

學習的原因分成內在與外在，這也與另一個二分法有關：精通的目標導向vs表現的目標導向。學習者若不是「大師」，就是「表演者」；大師藉由學習和改進來培養能力，而表演者則透過向他人展現自己有多聰明，或透過比他人表現更好來展現能力。[12]有一個理論模型同時結合了內在與外在動機，以及精通與表現的二分法，非常有用，就是「成長型」vs「固定型」心，出自於史丹佛大學卡蘿．杜維克教授幾十年的研究。

杜維克發現，那些有表現型或固定型心態的學生，是為了獲得好成績和外部獎勵而努力表現，當他們犯錯或失敗時就會有防衛性的反應。他們認為智力和能力是固定的，例如，人們要嘛數學很好，不然就是數學很差。這一類的學生認為自己的能力是固定的，所以忽略了尋找具有挑戰性的學習問題，而且還會主動迴避問題。為什麼？因為他們主要的驅動力是要得到認可與正面的讚美，確認自己是聰明的。他們會避免失敗的情況或機會，因為失敗會威脅到他們對於自我形象的固定看法。他們在內心創造了一種恐懼的文化——害怕挑戰，害怕大膽嘗試，而且他們很難在認知上處理負面的回饋，因為他們有一種自動產生的情緒反應，會為自己辯護、移轉討論方向或否認。這些以表現為導向或「固定型」心態的人，他們的自我意識完全只放在自己是對的和看起來是對的上頭，而不是放在學習上。

相較之下，杜維克發現，具有精通型或「成長型」心態的學生，會受到內在驅使，想要把事情做到最好或把功課讀到精通，他們相信一個人的智力和能力不是固定的，而是可以藉由努力增長。他們傾向於尋求挑戰和機會，來擴展自己的技能。如果他們犯了錯，會更努力去克服。這些學生認為錯誤和失敗並不是對自己的負面回饋，而是對他們學習策略或所付出的努力的負面回饋。錯誤或失敗對這些學生自尊心的打擊並不像對表現型導向的學生那麼大。以精通為導向的學生，往往對自己的自我價值比較有安全感。他們相信自己能夠學習，並且在有機會學習的情況下努力茁壯成長。

杜維克引述了著名社會學家班傑明・巴布爾（Benjamin Barber）的話：「我不把世界

分為弱者和強者，或者成功者和失敗者。我把世界分為學習者和非學習者。」[13]在思考學習方式時，最重要的一點是要瞭解，我們的學習心態可以改變。這點我知道，因為我就是這樣。

回顧過去，我本是一個以成績表現為導向的學習者，我努力用功，是為了得到好成績，讓父母感到驕傲。我在法學院唸書時一直以成績為目標導向。我非常用功，功課很好。

然而，我的心態後來發生了轉變，當時我一面在紐約市擔任律師，一面在唸紐約大學法學院的稅法法學碩士，跟著該領域的稅法大老做研究，他們都是世界上最優秀的稅法專家。他們讓我體會到為了學習而學習的快感，以及努力成為這個領域專家的內在喜悅。在大師的指導下，我的學習動機從以成績表現為導向，轉變為以精通為目標導向。

我早期從事法律工作的經歷也大大影響了我對於負面回饋的反應，幫助我擺脫了以表現為導向的心態。我有一個導師兼合夥人教導我，要想成為一個領域的佼佼者，那就少不了負面回饋。他教我暫停下來，思考一下，而不是馬上辯解、移轉討論方向或否認。他告訴我，這不是為我自己，而是為了能在某個案子中寫出最好的法律見解。隨著我在職場往上晉升，我逐漸體認到，要獲得這種建設性的回饋是多麼難。我們大多數人在職場上往往得到的都是無用的回饋，或者是語帶保留，或者是辦公室政治正確而已，很難得到那種可以幫助我們提升專業技能的具體、建設性的回饋。深思熟慮與建設性回饋是很有價值的，特別是當你能夠培養自己的心態，加以吸收而非轉向。

合適的人：雇用和培訓

總的來說，要建立一個優秀的學習型組織，你需要選擇並培養喜歡甚至熱愛學習的人。各位需要的是那些有足夠好奇心的人，能夠不斷學習。今日職場中，不斷追求進步已是家常便飯，一個組織或團隊要不斷改進，就需要有願意不斷改進的人。這樣的組織需要優秀的學習者。

杜維克的研究顯示，具有內在動機、精通學習方法的人，像是成長型心態所證明的那樣，是最好的學習者，而且不害怕負面的回饋、失敗、困難的任務、不確定性和新的狀況。班杜拉的研究則發現，具有強烈自我效能感的人可能更有韌性和調適力。如果你讓他們掌控自己的工作，那就更好了，因為他們有了自主性，覺得能夠掌控自己的命運——根據德西和萊恩自我決定的研究，這非常重要。如果人們對一個優秀的學習團隊或組織有歸屬感，那麼你就滿足了他們對於關聯性的需求。如果你把這些學習成效很好的人放在一個正向、有人情味的環境中，那麼你就在朝建立學習型組織的道路上邁進了。

當然，一家公司不可能為了另外新雇用具有成長型心態的人，而開除現有的、只有固定學習心態的人。關鍵的問題是：你能否教導大家擺脫固定型心態，培養出成長型的心態嗎？

如同我個人故事所證明的，我相信各位也可以。杜維克也這樣認為。她的著作《心態致勝》幫助讀者如何擺脫固定型心態。[14]除了她以外，還有很多人相信，我們可以「學習成為更好的學習者」。哈佛大學教育研究所的教授認為，我們可以培育出一些和思考有關的關鍵性格，[15]包括保持開放的心態、探究不同的觀點、產生多種選項並加以深究、有探究的熱情、質疑既定的事情跟要求說明理由、意識到需要有證據來支持、有能力權衡與評估理由等。[16]這些能力都是可以被培養與加強的。

美國陸軍早就領先大多數企業，將學習的科學建制進入軍事組織裡面，並且應用在美軍的「適應性領導力」轉型計畫以及「軍人全面身心健康」（CSF）計畫當中。美國陸軍的一個主要重點是「堅強（hardiness）」——它與班杜拉的自我效能感、德西和萊恩的自我決定理論，以及杜維克的成長型與固定型學習心態有一些非常有趣的共通之處。美國陸軍對於堅韌的概念描述如下：

堅強是一種心理狀態，指在各種壓力狀況下有韌性，能維持良好的健康和表現。高度堅強的人對自己人生和工作有強烈的責任感，並積極參與他們周遭的事務。他們相信自己可以控制或影響些什麼，也喜歡新的情況和挑戰。還有，他們有內在動力，能夠創造自己的目標。[17]

美國陸軍這個「堅強」的概念融入了班杜拉的自我效能概念，也就是具有這種特質的人，「相信自己能夠控制或影響些什麼」。由於提到了「在各種壓力狀況下維持良好的表現」和「對自己人生和工作有強烈的責任感」，美國陸軍的這個概念似乎也符合德西－萊恩的自我決定理論模型（包括自主性、有效性和關聯性）。最後，陸軍認為那些高度堅強的人是那種「喜歡新的情況和挑戰」和「有內在動力」的人，這也符合杜維克的理論。

美國陸軍還發現，在堅強部分得分很高的人，適應能力非常強，是最佳的特種部隊候選人。[18] 陸軍的領導力培訓是要培養出能夠適應新環境、適應有挑戰性的情境，以及適應不確定性的領導人——換句話說，能夠學習的人。美國陸軍特種部隊認為，適應能力（學習）可以由以下特質預測：自我效能、韌性、開放的心態、以精通為成就動機、對模糊性和不確定性的容忍程度。最關鍵的適應性技能包含：後設認知、解決問題的能力、決策能力、人際往來技巧和自我覺察。適應性領導力培訓強調的是探究式學習、以精通而非表現為導向，以及刻意練習。[19] 以上這些都融合了本章與第二、三章所論述的重要概念。各位若有興趣進一步瞭解美國陸軍領導力的訓練，可以參考書末所附的書目。

X理論與Y理論的管理者心態

要想創建一個學習型組織，鼓勵員工培養學習心態，最重要的是組織的管理者和領導者要有學習心態。這一點，以及領導者有意識或潛意識的想法，都會影響管理者能否成為教導學習的優秀教師或促進者。因此，我們必須關注「管理者心態」——管理者對員工，或跟員工在一起時，拿出的行為舉止，是由他自己對員工的潛在心態所造成的。在我接觸過的大多數管理者和領導者當中，有些人沒有意識到自己的心態，有些人則是很難如實坦承自己的心態。只要多關注管理者的心態，就有助於一個組織轉變為學習型組織。

麻省理工學院的道格拉斯．麥格雷戈（Douglas McGregor）教授率先對工業革命以來的主流管理模式——也就是專制的、「命令和控制」式的管理模式，提出了質疑，挑戰其背後的預設。他的觀點，促進大家開始關注「管理心態」。他認為，管理者和領導者對員工的特質會有潛在的預設，而依照不同的預設，他把管理者分成「X理論」及「Y理論」兩種人。這個觀點很重要，可幫我們探究如何促進學習，因為領導者和管理者如果瞭解自己對員工的看法是什麼，就可以提升自己與員工互動往來的品質，而這會直接影響學習。

X理論管理者

麥格雷戈教授認為，X理論[20]的管理者基本上認為員工都是懶惰蟲，愚頑，易騙，眼光短淺。X理論管理者認為員工缺乏上進心，抗拒變革。他們認為管理層的工作就是利用獎勵和懲罰來指導、激勵、控制、修正員工的行為，這樣才能達成組織想要的成果。X理論的管理信念是以下列這些看法為基礎：

- 員工會得寸進尺。
- 對員工好，他們就會利用你。
- 「以員工為核心」的觀點無法符合「高度的當責」。
- 員工有工作做就很走運了，如果他們不想幹，後面還有很多人想要。

我見過的管理者，沒有一個人願意承認自己是X理論的管理者。但如果我問一些關於員工動機、關於管理者是怎麼管理、用什麼手段什麼來得到成果的開放式問題，我肯定會聽到X理論的答案。我確信，X理論的信念並不利於學習式對話、回饋對話、同心協力合作、建立信任感和員工全心投入。

好吧，X理論看起來並不太行，那麼Y理論是什麼？

Y理論管理者

麥格雷戈對Y理論[21]的解釋，並不像他對X理論解釋得那樣清楚明確。我認為，不妨把Y理論看成是X理論的相反，就比較容易瞭解。

Y理論的主管認為，員工有能力承擔責任，繼續成長，並為組織的利益帶來貢獻。由於以往的公司多半是以X理論為信念，很多員工都不太具備這樣的能力。管理層的工作便是為員工創造環境和機會，讓他們可以成長，並且使個人成長和組織成長的目標一致。

麥格雷戈的研究等於向我們每個人提出了挑戰，要我們回答這個問題：對於最有效管理員工的方式，我的預設是什麼（隱含的和明確的）？[22]下一個問題是：我的員工會對我的預設有什麼看法？

蓋洛普公司花了多年時間研究與進行員工參與度的測驗，研發出十二個關鍵問題，[23]我認為這些問題是很好的指標，可以評量出員工是在X理論還是Y理論的管理者下面工作。

請考慮以下問題：

- 在過去七天裡，我有沒有因為工作做得不錯而得到肯定或表揚？
- 我的主管，或工作中的某個人，是否很關心我這個人？
- 工作中是否有人鼓勵我繼續發長？
- 過去一年，我在工作中是否有機會學習和成長？

在X理論管理者和Y理論管理者下面的員工，對於這些問題的答案會有什麼不同嗎？我認為有的。

高成效學習型組織要求員工成為學習者。而要成為一個高成效學習型組織，執行長和其他領導者以及管理者必須在學習行為和態度上做出榜樣，並且實際教導、促進和促成學習。X理論的領導者和管理者的心態看起來會抑制這種教導，不利於促進學習。而Y理論的領導者和管理者的心態則會促進學習。

總結

本章重點討論了HPLO公式中關於人的部分，從三個不同的角度探討了與人有關的要素：員工的學習心態、滿足自我效能和自我決定的需求是如何促進學習、管理者和領導者對員工的心態。我們瞭解到，具有強烈自我效能感與內在動機的人，會以精通的心態去學習，並視為是個人成長的途徑，因此比較可能尋求學習機會，想要成為有韌性的學習者。他們在充滿變化、不確定性和模糊性的情況下尤其如此。

我們還瞭解到，相較於X理論心態的管理者和領導者，Y理論心態的管理者和領導者比較能促進員工學習。在第二章中，我們討論了學習需要將新學到的知識，融入到一個人的心智模型或對世界的看法裡，而且在某些情況下，還需要融入到對自己的看法之中。如果學習的經歷本身能夠滿足一個人對自主性、關聯性和有效性的基本需求，那麼轉變過程就會變得較為容易。在職場上，如果員工在學習過程中提出一些自己的想法，而且擁有必需的能力及必要的工具來完成任務，加上學習的原因或目的是有意義的（從公司的目標和個人成長角度來看），那麼轉變型的學習就比較有可能發生。

擁有合適的人，是創建HPLO的必要條件，但光有這一項是不夠的。各位還必須有一個能夠促進學習的工作環境和流程。下一章將探討 HPLO 公式的第二個要素——合適的環境。

我們可以這樣想

1. 在本章中，你讀到了哪些令你驚訝的內容？
2. 你最想反思或採取行動的三個收穫是什麼？
3. 你想改變哪些行為？

第五章

關鍵要素二：創造適合學習的環境

前一章談到了高成效學習型組織（HPLO）公式的第一個關鍵要素，也就是合適的人。[1]如同我在第四章結語所說的，要打造出一個高成效學習型組織，必須要有正確學習心態的「合適的人」，加上能夠促進學習的Y理論領導者和管理者。但這樣還不夠。上述這些人還需要置身於「能夠促進學習」的合適環境中。

合適的環境，也就是HPLO公式的第二個要素，不單是指組織裡要有學習的文化而已；這種文化還必須有一個基本結構支撐著，包括某些特定的領導行為、人力資源政策和流程，以及評量和獎勵，這樣才能共同促成和推動良好的學習行為。換句話說，你需要一個完整的學習系統。彼得・聖吉（Peter Senge）正確地解釋了一個學習型組織所需要的準則：「如果缺乏系統的定位，就無法有動力去探究這些準則（要素）是如何相互關聯」。[2]

我提出的學習的方法，重點是要在組織的各個層面（包括員工、管理者和領導者）都推動學習的行為。例如，「提出問題」是一種很好的學習行為。同樣，主管若能花時間向員工解釋為什麼需要有一個新的流程，而且在這個轉變的過程裡滿足員工對自主性、關聯性和有效性的需求，也是一種促進學習的行為。一旦各位瞭解哪些行為能夠促進個人學習，就必須要設計出組織的文化、領導模式、人力資源政策、評量和獎勵，來推動這些行為。

我的方法來自於我的研究專案，[3]在這些專案中，我研究了那些持續維持高成效的上市公司與私人企業，而這些公司都擁有能夠有機成長的策略。從這些研究中，我提出了「成長型系統」的概念。[4]我相信類似的概念也是建立學習型組織所必須要具備的。若要驅動組織裡的每個人都能夠學習，那就需要有一個適合的環境，才能促使合適的學習者、管理者和領導者都真正去學習。本章將幫助我們進一步瞭解，一個良好的學習環境需要有什麼關鍵要素。

良好的教育學習環境

幾十年來，學界一直在研究什麼是良好的學習環境。最近有大量新的社會和情感神經科學領域的研究，使我們對於學習環境瞭解得更為透徹。這些研究結果也可以直接應用於工作場所。

各界都認為，一個好的教育學習環境[5]就是「能培養內在動機」的環境，讓學生對自己的學習有一些自主性和掌控權。這是一個有良好的學習和創造力榜樣（教師）的環境，而且教學風格能滿足學習者的各種不同需求（即以學習者為中心）。在一個良好的教育環境中，學習過程類似於一趟發現之旅，學習者在其中是主角，受到鼓勵發揮創造力，還能跟學習夥伴有社會化和真誠的連結。而這也是學習者可以同時感受到有正向支持和正向挑戰的地方。[6]這種學習的最佳組合，能夠讓學習者感到自己在社會上的差異性和獨特性，覺得自己是團體的一份子，也能跟團體成員真正的連結在一起。最新的研究證實，[7]良好的學習環境是以學習者為中心的環境，學習心態著重於精通學習和成長（而不是成績表現），還能正面鼓勵學生，視學生是獨立個體，讓學生覺得有安全感。很顯然，針對良好學習環境的研究成果，符合本書前幾章談到的學習心態、自我效能跟自我決定理論的看法。

以下就要說明，如何將一個良好的職場學習環境打造到最好。首先，它應該是一個正面情緒的環境，這樣能夠降低「抑制學習」的因素（例如壓力、害怕失敗、負面情緒、自我防衛）。其次，它應該要鼓勵精通性學習，鼓勵內在動機，並以學習者（員工）為中心，也就是以尊重、有尊嚴和信任的方式對待員工，讓學習者願意全心參與。它還應該要鼓勵員工培養發現和探索的成長型心態、培養自我效能感，以及實驗精神。第三，它不把犯錯視為個人的失敗，而是看為學習策略不當或努力太少的結果。它不因為員工犯了學習上的錯誤或失敗而懲罰他們，而是鼓勵員工從這些錯誤或失敗中學習。管理者應該做為榜樣，

基本行為 Foundational Behaviors	自我行為的管理 Managing Self Behaviors
· 心胸開放 · 有同理心和謙卑 · 接受不明確、不確定性和新的挑戰 · 有韌性 · 積極主動 · 以有尊嚴和尊重的方式對待別人 · 誠實守信 · 瞭解自己所不知道的事情	· 管理自己的恐懼和其他情緒 · 管理自己的自我防衛 · 後設認知 · 很用心 · 積極傾聽 · 能夠敏感覺察到自己的身體語言、聲音、語調和音量 · 很正面
探索性的行為 Exploratory Behaviors	**學習過程的行為 Learning Process Behavoirs**
· 具有好奇心和探究精神 · 願意探索其他可能 · 願意踏出自己的舒適圈	· 尋求回饋，接受對自己信念的檢視與壓力測試 · 使用批判性思考過程 · 參與批判性探究和辯論 · 拆解潛在的預設 · 積極與他人合作並從他人身上學習

表 5.1 學習的基本行為

身體力行，帶頭學習，同時允許員工自由和誠實地暢所欲言。第四，這個學習環境應該滿足德西和萊恩「自我決定」理論中提出的基本需求，即自主性、有效性和關聯性。第五，領導者和管理者的所作所為要能贏得員工的信任，使員工相信，他們會被當做獨特的個體，受到尊重，而且管理者會關心他們的個人成長與發展。

成為這種類型的學習型組織，並不代表管理者和領導者要在工作品質或承擔責任方面放水。好的企業學習型組織是以學習者為中心，對工作表現和個人責任有很高的標準。我從高階主管的培訓和諮詢中瞭解到，許多管理者和領導者會從工作流程和財務指標的角度思考，但若想成為一個成功的學習型組織，也必須從行為方面去思考和評量績效。表5.1列出了一些重要的行為範例，這些行為可說是促成展開學習的基礎。

這些行為應該是全面評量各個員工的表現，並且要特別在情感上給予鼓勵。每位管理者和領導者也必須接受評量，而且他們的薪資報酬應該有很大一部分取決於這些行為。

學習，與員工高度投入

上述所有的行為都在鼓勵高度投入的學習，有趣的是，促進「高度投入學習」的因素，與促進員工「高度投入工作」所需的一些因素相同。這個高明的看法，恰好說明了學習對於高成效表現有多麼重要。讓我們進一步看看這些是如何產生關聯的。

已有數以千計的公司採用以研究為基礎而開發的「蓋洛普Q12®高員工投入度評量工具」，用來評量內部組織的員工投入程度。有趣的是，在「高員工投入度」的十二個蓋洛普Q12®因素中，至少有十個與促使學習高投入度的因素在基本上是相同的。表5.2證明了這一點。左邊欄是蓋洛普Q12®的評量敘述，如果回答是肯定的，即代表員工是高度投入。[8]右欄則是研究證實的「高度投入學習」的特點，作為對照。

員工高投入度	學習高投入度
我有機會做自己最擅長的事情。	以學習者為中心、有自主性、有效性、自我效能感。
在過去的七天裡，我因為做得好而得到認可或表揚。	正向的教室環境、以學習者為中心。
我的上司，或工作中的某人，關心我這個人。	尊重個人、有關聯性、以學習者為中心。
有人會在工作上鼓勵我發揮。	有關聯性、教師關心學生個人的成長。
在工作中，我的意見很重要。	自主性、尊重。
我公司的使命／目標讓我覺得自己的工作很重要。	有目標的群體，滿足了歸屬感的需要。
我的同事們都致力於提升工作品質。	與上述相同。
我在工作上有最要好的朋友。	有意義的社群連結、關聯性。
在過去六個月裡，有人給我回饋。	老師關心學生個人的成長。
在過去一年中，我有機會成長和發揮。	有機會發揮，並且獲得成效。

表 5.2 員工高投入度和學習高投入度之間的一致性

雖然蓋洛普Q12®不是一個用來評量員工學習的工具，但並列在一起可以看出，**一個能讓員工高度投入工作的職場環境，與一個在教學現場促使學生高度投入學習的環境，其實非常相似。**這樣看來，一個能讓員工高度投入的內部組織系統，也應該能促成、促進高度投入的學習。更重要的是，研究顯示，員工的高度投入和學習，是創造企業持續有高成效表現的主要因素。

過去三十年裡，至少有八份完整的研究[9]，明確定義出維持高成效表現的企業有什麼特徵。儘管這八項研究採用了不同的研究方法和術語，但研究結果卻有很大部分重疊。這八項研究都發現，持續高成效表現的企業有以下特點：

1. 極高的員工投入度；
2. 持續不懈的改進（學習）；
3. 由謙卑、充滿熱情的領導者來管理；以及
4. 有明確目標的企業文化。以基於符合企業文化的標準來徵人。

換句話說，我們可以主張：高成效表現、高員工投入度，以及高學習投入度之間，存在著強烈的關聯。企業很少思考這種關聯。在這八項研究裡，可以觀察其中四項的一些具體發現，獲得進一步的見解。

員工高投入度和高成效表現

史丹佛大學教授查爾斯・奧雷利（Charles O'Reilly III）和傑弗瑞・菲佛（Jeffrey Pfeffer）在他們《隱性價值：偉大的公司如何用普通人取得非凡的成就》（Hidden Value: How Great Companies Achieve Extraordinary Results with Ordinary People）一書中，詳細說明了高成效表現的公司是「以尊嚴、信任和尊重」對待自己的員工，並以「組織的價值

觀和文化」[10]來吸引員工投入工作。領導者的行為舉止，亦即你每天是怎麼對待別人，對於員工的高成效表現和學習都非常重要。

兩位學者研究過許多公司後還發現，團隊合作是另一個關鍵因素。他們認為，高成效表現的企業允許員工有「一種團體感、安全感，以及相互信任和尊重」。[11]這些公司都有一套非常清楚、大家都認可的價值觀，可以做為治理公司的基礎。而且這些公司在人力資源方面的做法有很顯著的目標性和連貫性，都體現了公司的核心價值觀。[12]

有「隱性價值」的公司會有很高的員工投入度和強大的組織文化，他們聘用合適的員工，願意投資在員工身上。他們的資訊非常透明，內部組織為團隊形式，除了薪水方面的獎勵外，還大量仰賴內在的獎勵，並鼓勵員工、領導層和公司之間相互信任和相互當責。在這一切的背後，則是持續改進和嘗試錯誤的學習方式。

另一項由傑瑞·薄樂斯（Jerry Porras）和詹姆·柯林斯（Jim Collins）進行的重要研究，則促成了暢銷書《基業長青：高瞻遠矚企業的永續之道》的問世。兩人發現，長期、穩定的高績效公司具有以下特質：（1）有一個超越賺錢的目標；（2）有類似宗教信仰的強大文化，並雇用適合此文化的員工；（3）勇於投入實驗並從嘗試錯誤中學習；（4）不斷自問如何改進公司本身，才能使自己明天做得比今天更好。[13]有的公司甚至直接建立「表達不滿的機制」來對抗自滿。[14]

這些高績效的公司都歷經演化，透過類似生物演化的方式建立起適應力等特質。這些公司會做各種嘗試、犯下錯誤，然後開拓自己的成功之路。它們認為最重要的是以小小的賭注去實驗、學習、調適——而不是孤注一擲。[15] 關於實驗和從嘗試錯誤中學習，柯林斯等人引用了嬌生公司（Johnson & Johnson）羅伯特・伍德・強生（R.W. Johnson, Jr.）說過的這句話：「失敗是我們最重要的產品」。[16]

柯林斯的代表作《從A到A+：企業從優秀到卓越的奧秘》還提出了其他一些有趣的發現，闡明高成效組織的特質。[17] 其中有幾項與我們的討論特別相關，包括：「第五級領導」；柯林斯所謂「首先是人，然後是事」的原則；以及最後一項，面對「殘酷的事實」。

柯林斯將第五級領導定義為「個人極度謙卑，同時又有強烈專業堅持」的人。[18] 讓我們回想一下，前述所有八項研究都發現，謙卑和熱情的領導者是高成效組織的一個關鍵因素。而第五級領導者是指那些將自己的野心和自我需求轉移到組織，並以組織的成果來認定自己的領導者。他們不會這麼想：這是為了「我」；而是會想：這是為了「我們」。柯林斯說，從A到A+的領導者通常都是「安靜、謙卑、謙虛、內斂、害羞、親切、溫和、自我影響、低調」的人。[19]

為什麼第五級領導者對學習型組織很重要？我認為，這類的領導者比較思想開放，善於傾聽，更善於合作，更傾向於Y理論，而不是X理論，並且更能夠管理他們的自我。所有這些特質都有助於他們在組織內推動學習，並在學習行為和領導力方面帶頭成為榜樣。

「首先是人，然後是事」是柯林斯的著名主張，即管理者需要讓合適的人上車，讓不合適的人下車。[20] 柯林斯將合適的人定義為那些有內在動力、能產生最佳成果的人。[21] 柯林斯說，另一個必須具備的重要特質是「很想參與建造偉大的事業」。這一點與柯林斯的一項發現有關：高績效的組織，目的不僅僅是為了賺錢。如果組織認為「學習」是其目標使命的關鍵部分，那麼希望能參與某個偉大、有目的或有意義的事業，也是另一個可以促進學習的動機。柯林斯強調，聘用員工時嚴格篩選出適合企業文化的人是關鍵。這意味著，若要打造一個偉大的學習型組織，各位需要盡可能使徵人的方式是符合嚴格的科學過程，目標是聘用到學習者（如第四章所定義）。就像本書在第九章會談到的，橋水在聘用員工方面是極為重視，並思考良多。

柯林斯的第三個發現「面對殘酷的事實」，則與學習如何「批判性的探究」和「邏輯性的制定決策」有關。他鼓勵領導者「創造一個能聽到真相，能面對殘酷事實的氛圍」[22]——換句話說，在這種氛圍中，員工可以「暢所欲言」而不用擔心受到懲罰。但是，暢所欲言只是其中的一半；管理者和領導者還必須保持開放的心態，在沒有自我防衛的情況下，真正聽進去這些訊息。柯林斯建議，當領導者做到以下這些事情時，就能夠面對殘酷的事實：從問題開始，而不是從答案開始；參與對話和辯論，而不是脅迫；進行「無指責的剖析」；創建機制，顯露殘酷的現實。[23]

我們已經不斷說到，允許自由發言和允許失敗的文化，對於一個組織、還有員工學習和面對殘酷事實，是非常必要的。而艾美・艾德蒙森（Amy Edmondson）教授針對團隊工作在心理安全感上的研究，[24] 對我們的討論有很大的幫助。她探討了如何創造一個「不會產生恐懼」的環境，因為這些恐懼會抑制批判性的提問、辯論，甚至會阻卻員工去分析事情背後根本的原因。

艾德蒙森認為，我們在職場上感受到的恐懼，會進一步因為「我長期對於階級權力的信念」而得到強化。當我們還小時，經常被教導不要跟長輩講話，除非他們先開口；要尊重長輩、父母和老師。尊重，實際上就是意味著我們要按照大人的教導去做。這種信念後來直接轉移到了職場，員工不敢隨便講話是因為害怕受罰：害怕獲得差評，害怕沒獲得升遷，害怕被團隊排擠成為邊緣人。這個恐懼也可能是害怕上司的報復。換句話說，員工之所以會恐懼在工作中受到懲罰，是因為害怕會傷害到自己的職涯，損及自己薪資。

在X理論領導為主的工作環境中，這種恐懼或許可以理解。而且，如果這個組織的心態設定是將錯誤視為失敗，而不是學習的機會，那麼員工就不可能坦承犯錯，也比較不太可能積極主動。

艾德蒙森的研究發現，在階級化的組織中，較低位階的員工不會暢所欲言，除非他們覺得有安全感——也就是說，除非他們是身處在一個「可以放心說話」環境中。領導者和管理者必須以身作則來消除員工這種恐懼。為了讓員工心理上有安全感，企業的組織文化、人力資源政策、評量和獎勵機制都必須配合。領導者必須贏得下屬的信任，鼓勵他們暢所欲言，表揚那些勇於發言的人，並且承認自己的失敗、錯誤和無知來展現謙卑。

這就是為什麼領導者的謙卑是如此重要。這與我們前面討論的研究結果是一致的，也能夠從接下來的IDEO設計公司和戈爾公司（W.L. Gore & Associates, Inc.）的故事中獲得驗證。謙卑，也是後面橋水基金、財捷（Intuit）和UPS這幾家公司故事中的關鍵部分。

艾德蒙森的同事大衛．嘉文（David Garvin）教授說，學習型組織的試金石是「接受與現有運作方式相抵觸」的資訊，還有容忍失敗與錯誤。[25] 他指出，恐懼無法促進學習。[26] 因此他主張，學習可以透過像是以下的方式來促進：美國陸軍的任務後歸詢學習（After Action Review）流程、紮實的批判性辯論、保持開放的心態、真心傾聽跟自己看法不同的意見。

二〇〇八年，艾德蒙森和嘉文在《哈佛商業評論》上共同發表了一篇關於學習型組織的文章，提出了一個學習型組織的診斷方法，[27]與我們在本章中討論的內容吻合。值得注意的是，他們的診斷工具詢問了企業是否對於新的想法持開放態度，並給予個人心理上的安全感，讓員工提出不同意見或異議。這套工具還詢問了企業組織是否鼓勵批判性提問、批判性辯論和實驗，以及領導者和管理者的行為是否強化了學習。

我也曾做過研究，證實了艾德蒙森和嘉文的看法，並且加以擴充。我針對二十三家持續達成高成效的公司進行了研究，[28]這些公司主要靠著「有機性成長」得以長時間一直成長，而我認為它們的成長是來自於在正常交易狀況下，將更多的商品和服務，銷售給非相關的族群。我的發現與上述及其他研究者的研究結果是一致的，[29]也就是員工的高度投入，是持續有高成效表現的關鍵。[30]

我的研究進一步顯示，以下的管理策略可以促進員工高度投入：

- 認股制度
- 內部升遷政策
- 謙卑、熱情、管家式的領導者

- 公平、透明和穩定的人力資源政策[31]
- 相互當責
- 不重視地位、階層和精英主義

我的研究結果與豐田汽車生產系統的許多要素不謀而合，而豐田系統生產的汽車在可靠性方面是全世界排名第一。豐田的模式[32]目標是要成為一個偉大的學習型組織，透過解析問題的根本原因、解決團隊的問題，以及制定決策，一直持續不懈地改進，而使員工高度投入。在豐田，根本原因分析過程的重點是「5個為什麼」，而不是「5個誰」（誰應該受到指責），這個數字5代表在全面分析問題之前，需要先提出「為什麼」的問題，通常會有五個。[33]豐田跟《從A到A+》中的公司一樣，都希望員工坦承自己的錯誤，要做到這點，需要員工相信自己不會因為向上呈報錯誤而受到懲罰。

在豐田系統中，主管和領導者是以教導者和協助者的身份為員工服務，而且公司不看重階級地位的差異，不看重精英主義。在我研究的公司中，有許多也在抵抗精英主義。例如，當時百思買（Best Buy）的執行長和他所有下屬的辦公室都非常小，沒有窗戶。百思買和UPS都沒有公司專屬的飛機。百思買、史賽克（Stryker）、TSYS和UPS都是僕人式領導的公司。蒂芙尼公司（Tiffany & Company）的總裁曾被問到，若要用一個詞來描述蒂芙尼公司的文化，那會是什麼，他回答說：「謙卑。這裡只有一顆星星，那就是蒂芙尼。」[34]

整體而言，蓋洛普的研究和關於高成效企業的八項研究都證明，要讓員工投入，創造高成效的表現，需要管理者和領導者是謙卑的、有熱情和開放的心態。為了鼓勵員工學習，領導者和管理者必須以一種正面、有人情味的方式和員工接觸。他們必須要公平、可信賴、前後一致，而且能夠建立員工的信任感。他們必須表現出關心員工的個人情況，並且願意投資員工的成長和發展。

著名的心理學家卡爾・羅傑斯在以個案為中心的治療領域裡有類似的發現，進一步證實了上述這些研究的發現。羅傑斯強調，要建立一個有效果、促進成長的治療關係，以下幾點是必要的：兩方都很誠實、沒有隱瞞、真正關懷個案、以同理心理解個案、治療師很用心陪伴和傾聽，以及相互信任。[35]各位可以看到，要建立起一個學習者高度投入、員工高度投入的關係，跟建立以個案為中心的有效治療關係，所需要的行為和態度都是一樣的。

教育和臨床心理學的研究結果，以及針對高成效企業的研究，都證實了全心投入的力量。創建麗思卡爾頓連鎖酒店（Ritz-Carlton Hotel）的霍斯特・舒爾茨（Horst Schulze）

就很瞭解這點。他以鼓勵員工這些行為做為核心，創辦了酒店，而且我在埃默里大學（Emory University）戈伊祖塔商學院（Goizueta Business School）任教時，他經常到我的課堂來。舒茲的口頭禪是：「我們是為女士和先生服務的女士和先生。」他給予員工自主權，展現了自己對他們的信任，讓每位員工都有權可以在任何一個客人身上花到最多兩千美元，以使這個客人感到滿意。在每天的私下聚會中，員工們會聚集在一起，以核心價值觀為要點，認真學習。舒茲員工的離職率遠遠低於同行，因為他以有尊嚴、有意義和尊重的方式對待員工，使每個員工在這個一流的企業中都扮演著重要的角色。

另一位我有幸認識的執行長也表現出他對公司和員工的這種全心投入。西南航空公司（Southwest Airlines）的創辦人之一赫伯・凱勒赫（Herb Kelleher），建立了可說是美國最成功的現代航空公司，該公司的成功，也是奠基於員工的高度投入。我到他在達拉斯的辦公室與他會面，他帶我參觀公司，這時我目睹了一件蠻特別的事。我們遇到的每個員工，他都可以直接講出對方的名字——而且每個人都擁抱了他。是的，擁抱了他。這種感情是真實的。這種愛和尊重是深刻的。

這兩位領導者都是很特別的人，他們能夠把他們的情感投入到整個公司。

總的來說，研究和科學描繪出了一個清晰的畫面：**一個好的組織學習環境，是一個能**

夠促進員工高度投入，促進員工正面情緒的環境。一個正面的環境可以鼓勵學習，且減少對學習的抑制因素（例如恐懼、自我防衛、自滿和傲慢）。減輕這些抑制因素的兩個關鍵策略是：絕對允許自由發言和有條件地允許犯錯與失敗（在可接受的財務風險容忍範圍）。以員工為中心也是一項必要條件，這麼做可以促進員工高度投入、具有學習心態和動機。另外還需要特殊的領導方式：要有Y理論的領導者，以員工為中心，這些領導者的所作所為乃是因為他們有開放的胸襟，很謙卑，很真誠、正向，以及彬彬有禮，並且有誠信，值得信賴，對學習有熱情。高度員工投入和高度學習環境的打造方法，是建立一個內部系統，以目標一致和自我強化的方式，將合適的組織文化、結構、領導行為、人力資源政策、評量和獎勵全部整合起來。

如何打造適合學習的環境：IDEO和戈爾公司

要完整瞭解學習的環境，讓我們看看另外兩家備受推崇的知名公司。IDEO和戈爾公司這兩家公司由於其持續的高成效表現和創新而令人欽佩。他們的成功也歸功於員工的高度投入和高度學習。

IDEO公司

IDEO是全球知名的設計公司，在世界各地設有十個辦公室，約有五百五十名員工。它成立於一九九一年，以設計蘋果的第一個電腦滑鼠而聞名。IDEO以其創新而知名——意味著它是一個偉大的學習型組織，因為創新需要探索和反覆實驗（即學習）。

IDEO的創始人大衛・凱利（David Kelley）著有《創意自信帶來力量》（Creative Confidence: Unleashing the Creative Potential Within Us All）一書，裡面詳細敘述了他的經營之道，[36]以及IDEO如何創造出一種文化和流程，使員工能夠克服對失敗的恐懼和不安全感，從而產生創意——因為創意的產生，需要員工探索各種替代的可能方案，做激烈的辯論，並進行大量的實驗。IDEO的企業文化也鼓勵員工保持開放的心態，避免急於做出判斷。

根據《創意自信帶來力量》一書所述，IDEO相信失敗是創新的一部分，每個人都必須學會直接面對失敗，從中學習，並再次嘗試。任何人唯有真正經歷過失敗，才能鍛鍊出韌性。在IDEO，失敗被認為是一件好事，還有另一個原因：它可以培養謙卑。謙卑能夠產生深刻的同理心，有了同理心，員工才能設身處地為使用者或客戶著想。在IDEO，員工有失敗的權利，因為創新和個人學習可以從失敗中產生。凱利引用了我們在在第四章中討論過的阿爾伯特・班杜拉的自我效能理論，加上卡蘿・杜維克的成長型心態概念，做為

IDEO經營方式的一部分。

那麼，在IDEO裡面，學習是如何進行的呢？是在團隊之中展開學習。該公司有個特點，就是團隊在「設計思考」過程的每個階段協力合作，而且團隊不僅是跟工作有關。公司鼓勵員工在團隊工作中建立深刻、有意義的友誼，因為相互關愛的關係是正面工作環境的關鍵。一個正面的工作環境和正面的關係能夠激發創造力。IDEO支持柯林斯的主張，也就是「面對殘酷的事實」。IDEO也同意薄樂斯和柯林斯的論點，即透過實驗和持續改進的反覆學習，是企業調適過程的基礎。

戈爾公司

比爾．戈爾[37]（Bill Gore）原本是杜邦公司（DuPont）的工程師，但他對公司的遊戲規則感到失望，於是他在一九五八年，創建了一個後來非常成功、常因創新而受到世人尊崇的公司。今天，戈爾公司的總營收超過三十億美元，在三十個不同地點雇用了超過一萬名的員工。該公司以防水、透氣的GORE-TEX®衣物聞名，產品從高機能衣物和植入式醫療設備，到工業製造部件和航空航太電子設備，都包括在內。戈爾公司是一家私人企業，由戈爾家族成員以及工作至少滿一年的員工（稱為「合夥人」）共同擁有，他們透過公司的持股計畫成為股東。創辦人比爾・戈爾認為，由於公司長期以來一直很成功，讓合夥人擁有股權，並共同承擔企業的風險和分享報酬是非常重要的。這也是我們將在第十一章看到的UPS這家公司的特點。

在創建公司的過程中，比爾和維芙・戈爾（Vieve Gore）主要受到以下兩位學者的影響：X理論和Y理論的提出者道格拉斯・麥格雷戈，還有人道主義心理學運動的創辦人馬斯洛。[38]已故的戈爾先生不喜歡官僚主義和「老闆」這個詞。他不相信用傳統的管理模式可以把公司經營得很好。在戈爾公司，只有當同事願意跟隨某個人時，這人才是領導者。這是一種真正的權威，因為只有像這樣的領導者，證明了自己有很好的判斷力、獨特的知識和已建立起來的信任，才能夠影響追隨者。級別、地位和頭銜對一個人能在戈爾公司發揮的影響力是微乎其微。

戈爾公司的領導模式是分散式的，而決策則是由會受到該決策影響的相關人員共同制定。製造工廠的規模都很小，一般少於兩百五十名員工，這樣一來，戈爾的企業文化就不會被企業組織的官僚主義所扼殺。保持小規模的團隊也使員工能夠真正瞭解彼此，當面交談。戈爾雖然也使用電子郵件、語音郵件和視訊會議等工具，但他知道，面對面的溝通能促進合作、同心協力、員工的高度投入和團隊工作。這家公司願意讓員工有「面對面」的時間，好在彼此的關係中建立信任。

比爾・戈爾建立了一個以人為本的公司，因為他知道人是最寶貴的資源，只有透過人，才能把事情完成。戈爾經營公司的原則是，每個人都應該彼此公平對待，對供應商、社區鄰居和客戶也應該是如此。戈爾公司的文化是鼓勵員工挑戰傳統思維，進行實驗，公開和直接地表達不同的意見。在員工努力發展和成長的過程中，公司鼓勵他們相互幫助、支持和鼓勵。尋求幫助被視為是一個正面的訊號，而不是軟弱的表現，失敗則被視為是學習的機會，並且會是下一個專案計劃的起點。

戈爾公司在徵人時會經過非常嚴格和耗時的流程，因為適應企業的文化，是應徵者未來成功的關鍵。公司尋找有內在動力的人，一旦錄用，就會鼓勵他們真正認識自己，瞭解自己的強項和需要進一步發展的部分。戈爾公司會一直著眼於這些個人的強項，並儘量減少他們的弱點，而且公司還會試著引導員工對工作有責任感，以發揮自己的強項。各位將會在橋水基金的故事中看到同樣的原則。戈爾公司特別強調，員工要主導自己的投入度和個人的發展，使得個人對於自主權的基本需求獲得滿足。所有員工都根據他們對公司的貢獻，由團隊成員和同儕評量其表現。

戈爾公司致力於支持每個員工的成長和發展。從內部晉升的做法體現了這個承諾。戈爾公司的每個員工都有一個個人發展計畫和前輩導師。前輩導師是教練，而不是主管。在公司裡，能夠成為一個好的前輩，那是一種貢獻；不過員工還是要對自己的責任和發展負起最大的責任。

我採訪了在戈爾公司服務三十五年的老員工理察（Richard G. Buckingham），瞭解戈爾公司的獨特文化。[39]理察的故事，明顯展露出這家公司對員工發展的承諾。他於一九七八年入職，一開始擔任鐘點技工。後來他擔任過許多領導職務，責任越來越大，還成為該公司全球團隊的一員，在北美、中國、德國和蘇格蘭各地都有業務往來。理察在工作中學到很多，而且在戈爾的資助下，還接受了更多正規的教育。今天，理察負責三個園區，裡面有三百多名員工。

理察跟我說，公司鼓勵員工去實驗，教導每個人都要有「吃水線原則」，這是比照船隻的吃水線，意思是員工有很大的自由度，只要別冒太大風險，把船搞沉了或讓自己溺斃。[40]據理察說，面對情況的時候，戈爾公司的每個人都必須自問：「如果我這麼做了，可能會發生什麼最壞的情況？」[41]理察告訴我，戈爾公司文化的關鍵在於員工之間相互的理解，也就是說，如果他們看到了一個需要處理的事，且若失敗了也不至於使船沉沒，那麼他們就應該拿出對策動手去做。但是，如果看起來有風險，就必須在採取行動之前，與其他員工討論。

我請理察用一兩個詞來描述戈爾公司的核心特質。他的回答是：機會。他還告訴我，戈爾公司認為，員工培養出了實力，就會有更大的自由發揮的空間，因為一旦培養出實力，當機會出現時，他們已準備好抓住機會。戈爾公司相信，當機會出現時，員工會盡己所能完全地投入，表現到最好。這種默契促使所有人相互當責和相互信任。這跟豐田汽車歷來與員工之間所存在的默契是一樣的，在本書第十一章也會談到，UPS 也是這麼帶領旗下四十萬名員工。

我還請理察解釋一下戈爾公司是如何對抗自滿和傲慢。他很快地回答說：強烈的好奇心！

總結

本章探討了對於高成效組織的研究，以及關於學習環境、臨床心理學的研究，還有 IDEO 和戈爾公司的故事，來說明建立 HPLO 需要哪些基本條件。

首先，必須要有員工的高度投入。第二，需要建立一個內部的學習系統。這個內部的學習系統應該跟整個企業的文化、結構、人力資源政策、領導行為、評量標準和獎勵措施等，維持一致的目標，包括（1）促成和促進學習心態和行為；（2）創造一個正面的學習環境，使得員工真心投入，滿足員工對自主性、有效性、成長和發展，以及關聯性的需求。當一個人感覺到被尊重、被信任、被關心，並且覺得自己可以信任組織及其領導人時，這些需求就比較有可能獲得滿足。這種信任的跡象之一是員工能夠自由發言而不會受到懲罰。另一個是有條件地允許在員工（在本章討論過）限制的範圍內犯錯。

第三，這個系統必須推動5.1表中列出的行為。第四，需要某一種特定的領導力來促進學習和真心投入。現在各位應該很清楚，領導者和管理者如何對待員工，對於高度員工投入和高學習投入度至關重要。光有好的意圖是不夠的。行為也很重要。

接下來，我們就要進入HPLO公式的下一個要素——合適的流程。第六章會探討怎樣的流程可以促進良好的學習式對話和共同合作，第七章則是討論批判性思考流程和其他學習工具。

我們可以這樣想

1. 在本章中，你讀到了哪些令你驚訝的內容？
2. 你最想反思和採取行動的三個收穫是什麼？
3. 你想改變哪些行為？

第六章

關鍵要素三：關於學習式對話與溝通

在第四章中，我們討論了高成效學習型組織公式的第一部分：合適的人。第五章討論了公式的第二部分：創建學習系統的合適環境。現在我們進入公式的第三部分：合適的流程，特別強調合適的溝通流程。我在這章會談到如何進行學習式對話，以及是什麼讓對話變得非常困難[1]。第七章則是會討論到另一種合適的流程，也就是：批判性思考過程。

不過，首先讓我們溫習一下到目前為止我們所談到的內容。許多人都以為自己學習能力不錯，也很會思考，但第二章和第三章的內容恐怕打破了大家的這種認知。各位如果仔細閱讀本書內容，好好反思，應該不難得出這樣的結論：我們並非自己以為的很會思考，而且我們也比自己以為的更偏向從情感面思考（和學習）。

第二章指出，學習需要我們改變自己的心智模型，也就是我們對於「世界是什麼」和「世界如何運作」的想法。[2]真正的學習是要我們去處理和理解跟我們信念不一樣的資訊。這種思考的轉變，要求我們放下自己的預設，開始權衡證據，檢視替代選項，並對情況產生新的看法。它還要求我們，面對重要的新資訊時，要避免強加辯解、逕自否認，或轉移焦點，而且還得瞭解自己的情緒和自我防衛是如何影響我們的思考。

在學習時我們很難靠自己做到這些。我們的心智模型太根深蒂固了，自我防衛也太強了。因此，學習、批判性思考和創造性／創新性思考，最好是在老師和我們信任的人幫助下進行，在職場環境中則是由導師、管理者、領導者和部門同事協助進行。當我們處理新的狀況、面對不確定性或模糊性時，這點尤其如此。學習是一項團隊運動，也因此「有效的學習式對話」就很重要了。

學習式對話很困難，正如要我們利用系統2來思考也是一樣很困難。為什麼呢？大多數時候，我們在對話時都是帶有系統1的目的，目的是要確認我們認為自己知道的事情，並肯定我們的自我形象。它們用的方式就跟自我防衛破壞我們邏輯思考能力的方式一樣，在對話中會很明顯出現，保護我們不受傷害，例如像是害怕做錯、害怕看起來很糟糕或有損失。然而，這些類型的對話並不能幫助我們學習。為了要跟系統1和系統2思考連結，我們在此把好的學習式對話稱之為「系統2對話」。這種較高層次的談話或交談，我們稱為「對話（dialogue）」[3]。

系統2對話

系統2對話是一種認真的、非評判性的、非防衛性的、思想開放的交流。它是誠實地與另一個人分享自己，希望對方也能同樣誠實地分享自己。要進行這種類型的對話，我們基本上必須同意這點：我們的信念不是固定的，而是開放的、可以接受修改的。這個前提使我們能夠與他人一起權衡新的資訊，並且評估我們本身的預設、信念、意見和判斷的基礎。

系統2對話的目的不是要確認我們自己所相信的，而是要對我們既有的信念進行重新檢視與測試。系統2的對話不是在競爭，而是一個過程，在這個過程中，大家一起互相學習，達到最好的客觀結果。我們應該帶著以下的心態進入系統2的學習式對話：我們所相信的一切是帶有預設的，而且可以根據新的資訊改變。正如達頓商學院教授珍妮・利特卡（Jeanne Lietdka）常常說的：「如果我們把自以為知道的都當做只是一種預設，不斷地用新的資料來重新檢驗，我們都會變得更好。」

系統2的對話需要信任、相互尊重、尊重過程，還有在心理上覺得有安全感，而正如上一章討論的，這些也都是打造學習系統的合適環境所需要的。當所有這些特質都存在了，我們就可以在對話中披露自己的心聲。[4] 有學者認為，只有當我們願意向他人披露自己，我們才能真正瞭解自己。[5] 這是為什麼在組織中，有意義的關係非常重要。[6] 因為這樣的關係能夠建立信任，而使得自我披露、坦誠和學習式對話變為可能。

除了信任和尊重，第五章中討論到的「與學習環境有關」的概念，也適用於系統2的對話。如果我們覺得受到重視，並且信任我們所在的工作場所，那麼學習式對話的品質就會更好。在許多情況下，學習式對話需要我們承認何時自己是錯了。要做到這一點需要勇氣和信心，相信自己不會受到懲罰或被他人看扁。如果我們想要克服自我防衛和恐懼，就必須能夠暢所欲言及犯錯。以員工為中心、正面的工作環境和員工高度投入，才能夠促進系統2的對話。

一個人越早知道「這不是只跟我有關」，就越能有效採取行為，促成系統2的對話，例如先暫時停止批判，採用積極、反思式的傾聽，並考慮別人的意見。換句話說，在學習型組織中，同理心和謙卑會讓對話進行得更好。同理心和謙卑也有助於消除有效學習式對話的一些主要障礙，包括個人的智識傲慢。同樣地，不要強調地位和階級的重要性，也能夠使員工比較願意公開、直接和坦誠地說話。這是戈爾公司故事中的一個要素，各位在後面的橋水、財捷和UPS的故事中也會看到這一點。

失敗的溝通

我出身寒微，生長在一間兩房一衛的屋子裡，全家四口住在喬治亞州西部的一個小鎮。我母親來自麻塞諸塞州，父親來自德國。從我有記憶開始，母親就告訴我，成績好，才能夠看到外面的世界。我的父母會帶我去書店，買書給我，我讀得津津有味，也使得我能夠接觸到大千世界。書是我通往「外面」世界的交通工具。不久後，電視更進一步把這個大世界帶入我的視野。從此我不希望留在原地。我不斷努力獲得好成績，希望出人頭地。

我成長在一個溫暖、充滿愛的環境中，但在這個環境中，並不允許我流露情緒，事情不說出來會比較好。我們家人間從沒有真正講過心裡話。年輕的時候，我跟人交談的方式與思考的方式相同，也就是說，我腦筋思考得很快，跟人講話、回應的速度也很快。我是一個「確認與證實」的機器。我以為自己是一個好的聽眾，以為自己的思想很開放。其實不然。我從沒有停下來、先不要做判斷，我反而在對方還在說話時，就開始想要怎麼回應或反擊，而且我總是潛意識裡「知道」，在正確的時間點打斷對方，開始回應。

回想起來，我把談話當成是游擊戰——快速攻擊，繼續前進。我是個傲慢的思考者和談話者，但卻偽裝成一種很友善的、不傲慢的舉止。這種組合多年來都還蠻管用的。我不知道如何放慢自己的反應速度去傾聽他人。我工作的環境壓力很大（法律和投資銀行），必須盡快完成大量高品質的工作。因此思考和交談的速度很重要。

三十三歲那年我獲得提拔，晉升到自己平生第一個真正重大的領導位置。我是一個效率非常高的「老闆」，我的團隊成員表現得特別好，我也在財務和職涯方面回報他們。我把學習式對話看做是一種教導手段，而不是學習。我全心投入工作，很少有時間進行個人談話。我用這樣的方式過了八年，或者說，其實我在自己的人生各個方面都是這樣過的。

直到一九八八年，在一個星期內我三度遭逢重大的挫敗。首先，我在一筆交易中損失大量金錢。第二，更重要的是，我的妻子告訴我，她要離開我，因為我已經不是她當初嫁的那個人了，我變成了一台耽溺於工作的機器，而且即使我人在，心也不在。她說我在情感上不成熟、空洞，跟她很疏離，而且是個糟糕的聽眾。我說話時沒有把她當成是一個人，我也不會和她分享自己的內心想法。第三，在同一時間，我被列為一個重要執行長職位的兩名候選者之一，可是負責找尋執行長的資深合夥人把我叫進他辦公室說：「從書面資料來看，你是這個職位的最佳人選。但我不打算推薦你，因為我認為任何工作都無法滿足你。你太執著，你整個人已經耗空了。」

在這麼短的時間內，我的自尊心就受到三次重擊。嗯，在這樣的情況下，我做了每個人都會做的事：尋求幫助，想弄清楚他們那些人到底是哪裡有問題。是的，那是我當時的心態。心智模型是很難改變的。

我找到了一個備受推崇、專門為高階經理人提供諮詢的人——她是從哥倫比亞大學內科和外科醫學院畢業的第一批女性之一。跟她談過之後，我發現自己是一個很糟糕的聽者，也很不會管理自我，而且還不願意談到個人感受。我沒有與別人建立連結，跟別人都很疏離。我體認到問題不是出在「他們」身上，而是在我身上。

在她的幫助下，我學會了怎樣真正傾聽，怎樣暫停自己的自動反應系統，以及怎樣覺察自己的情緒，並且活在「當下」。我學會了怎樣表達個人感受。她改變了我的人生，幫助我理解為什麼我之前變成了一台有效率的、成功的機器，而在這過程中卻失去了我的人性。她讓我用心探究了如何既有成效，又有人情味。

我很高興跟各位報告，之後沒有多久，我和我的妻子就和好如初了，最近我們還慶祝了結婚三十三週年。她會告訴各位，我還是老是在工作。這我同意，但我會說，我希望自己永遠不斷改進。

在職場上，我轉變成為一名Y理論的領導者，關心員工和同事，把他們當成真正的人對待。我學會了真正傾聽他們和客戶的心聲，並成為一個值得信賴和有成效的顧問，而不只是在靠提供服務賺錢。我越是真正傾聽，越是像一個有溫度的人在跟別人打交道，我的事業群營運業績就越好。我越是與人有互動往來，而不僅僅是自顧自地講話，結果在營收和人際關係上就越豐收。

換句話說，我在這本書裡大部分所談到的內容（我當時還不知道這門科學），都對我很有用。研究也證實，對各位也會有用。

現今的職場環境比我以前身處的環境步調更快。許多上市公司已經變得非常精簡，那些倖存下來的員工、管理者和領導者被逼著用更少的資源做更多的事，而且還要做得更快速。提高產能的壓力很大，不然的話，下一次「重組」或「轉型」就會被取代。

在這種情況下，要獲得業績的成長，最容易的方式就是根據需求，提高運營效率和生產力。這種策略帶來的結果就是像機器一般的作業系統。可是在這些環境中是很難學習的，因為學習不是一個有效率的過程。學習需要人們改變思考和行為方式。這回過頭來又需要系統2的思考和系統2的對話，而這些需要時間，需要投入情感參與，整個機器作業系統都得要放慢速度。

雖然系統2的對話可能短時間效率不彰，但這並不代表我們無法採用這種對話，並將它制度化。接下來我將會介紹一些策略，會有助於提升各位系統2對話的數量和品質。

詢問對方，而不是告訴對方

麻省理工學院教授、文化研究的權威埃德加．席恩（Edgar Schein）主張，應該將「謙卑的詢問」當做是學習式對話的必要技能和過程。他強調，學習型的環境必須提供「心理上的安全感」，跟我們上一章討論的一樣。他也指出，當代的文化重視「告訴」而不是「詢問」。[7]

席恩說，除非我們願意謙卑地詢問，否則我們無法跟對方建立信任的關係。[8]「告訴」是預設對方不知道，是一種階級定位的行為，實際上在說的是：「我比你知道得多，所以，我比你更聰明、更棒。」反觀「詢問」，則是在說：「我關心你的想法，而且我準備好認真傾聽。」

謙卑的詢問是一個發現的過程。我們是以開放的心態、沒有預設立場、沒有隱藏想法來追求學習。這類的學習，不可能透過誘導式的詢問或對抗式的互動而產生。如果你試圖引導別人得到你要的答案，那是行不通的。相反的，謙卑的詢問是「投入在當下」，而且是處於接受的模式。它是盡可能地不帶偏見、不帶感情色彩，而且是「無我」。這也跟信任有關。信任使我們能夠認識到自己的人性，瞭解到我們都有弱點，都會犯錯，都比我們自以為自己知道的要少很多。真正的學習，在大多數情況下，需要我們改變自己的信念，而謙卑的詢問有助於我們做到這一點。

在大多數職場環境中，要做到謙卑的詢問很難，因為大家必須要把事情完成，而且要做得很好，才能獲得晉升。然後，被提拔的人會認為自己的工作是告訴別人怎樣跟自己一樣完成交辦的事情，因為這顯然是升遷的途徑。在大多數職場環境中，大家都害怕提出有建設性的異議或反對意見。大家也害怕尋求幫助或承認自己不知道什麼。

你身為領導者，有多少次在領導者的位置上向員工坦承自己有不知道的地方？謙卑的詢問需要這種坦白和謙遜。席恩認為，唯有當我們相信對方不會利用我們，不會讓我們難堪，不會利用我們說的話來對付我們，而且對方會告訴我們實情，我們才會投入學習和困難的對話。[9]基本上，也就是我們必須相信對方不會傷害到我們，而是會在心裡惦記著我們的最大利益。

有另外一個不錯的框架可以用來處理困難對話，是出自於哈佛大學談判專案（Harvard Negotiations Project）所做的研究。[10]這個框架將每次對話當做是三個獨立的對話，包括（1）雙方各自對所發生的事情或他們認為的事實發表自己的看法；（2）雙方各自述說自己對於發生的事情感受如何；（3）雙方各自與自己做個人內心的對話，以瞭解自己所秉持的看法或自我在某個結果上影響多大。[11]本書第九章會談到，橋水基金也在每次學習式的對話中運用了這個過程，而這樣做可以辨識出大家互動時各式各樣不同層次的特質。每次對話的目的都會在一開始就講明白，而把目的講明白，有助於替對話設定基本的規則。橋水基金還採用了一個「同步」的過程，以確定大家在學習式對話中是否有真正溝通，是否理解了他人的立場。橋水公司「高度透明」的文化即是要促成公開、坦白、完全透明的對話。

覺察到自己的感受，瞭解這些感受背後是什麼，弄清楚自己在某個看法或結果上投入了多少自我形象或自我價值，這些都是為了要超越自我防衛系統，達到真正同心協力、相互合作所需要做到的。我們在第三章討論了同樣的觀點，亦即如何防止我們的情緒劫持我們自己的思考。我們在第七章中會再次討論到這點，我們會看到羅伯特・凱根（Robert Kegan）與麗莎・萊斯可・拉赫（Lisa Laskow Lahey）所做的研究，關於拆解一個人感覺背後的信念，而在第九章中，我們會看橋水的一個學習過程，叫做「超越自己」。

工作時的高品質連結

工作時的高品質連結[12]有助於建立系統2學習式對話的關係。密西根大學羅斯商學院

（Ross School of Business）的珍・杜頓（Jane Dutton）教授在這個領域做了一些突出的研究，她的重點是放在工作場所要如何敬重員工的投入。

在與另一個人往來時，我們需要用心，不可心不在焉。我們必須投入心思並保持專注，而不要被其他想法或事情（例如我們的手機）分心。[13]要達到這點，需要努力和耐心，因為我們在認知上每分鐘可以理解六百個字，但大部分人每分鐘說話的速度只有一百到一百五十個字。[14]換句話說，我們在聽別人講話的時候會感到無聊。各位是否曾經坐下來跟別人交談時，心裡會很想叫對方講快一點？我有過。如果我們要保持投入，就得抵抗那個覺得無聊的感受——尤其是對方其實在潛意識裡可以感覺得到你的感受和情緒。

我們的情感系統不只會被別人實際說出來的話所觸發，也會被他們傳遞的情感訊息所觸發。這些沒有講出來的情感訊息就是黛博拉・坦南（Deborah Tannen）所說的「後設訊息」。[15]這些後設訊息是由說話者的肢體語言、語氣、音量、聲調、講話速度傳達出來，從我們感受到的說話者的情感當中，也會傳達出來。[16]人會透過意識和潛意識傳達自己的感受，而後設訊息則是可以透過意識或潛意識接收。我們在情感上的運作就像一個巨大的雷達系統，不斷掃描著我們四圍的環境，很容易就能夠捕捉到他人的感受。我們可以感覺得出來對方是否專心，跟我們講話時是否全神貫注。

杜頓教授引述的研究證實，有沒有用心，不只可以從言語當中察覺出來。一個訊息能夠發出的影響力，有百分之五十以上是由身體動作傳達，百分之三十八是由語氣（例如音量、音調）傳達，只有百分之七是由語言傳達。[17] 有鑑於此，杜頓建議，我們需要積極地向對方發出訊號，表現出我們很投入，她提出三種做到這點的方法：

1. 在談話的適當時間點，把對方剛剛所說的話重述一遍，並詢問對方：你是否理解正確；
2. 用你自己的話總結對方所說的話，並詢問對方是否正確；以及
3. 請對方再多加解釋一下或詳細說明。[18]

不難看出，這樣的主動參與對話，需要面對面的互動。這就是為什麼戈爾公司是以小單位（通常是二百五十人或更少）來營運，並鼓勵面對面的對話，而不是透過電子郵件或語音訊息對話。

高品質的對話需要投入情感，關鍵在於真誠的態度、置身當下、感同身受、以非評判性的方式體會對方的感受和處境。那麼，什麼因素會抑制這種積極的參與？是恐懼、身份地位、階級制度和時間壓力。正如第五章中所談到的，戈爾公司不強調階級制度和身份地

位，原因在於其創辦人對Y理論領導力和人本主義心理學的信念。他們認為，企業組織的目標是幫助員工跟他人一起做有意義的工作，來克服自己的弱點。同樣地，本書第九章會討論到橋水基金在學習式對話上所花費的大量時間。

工作連結所產生的力量，其實是關係的力量，而關係的建立是要透過真正跟另一個人往來、瞭解到對方是獨一無二的個體，並以尊重的方式建立信任，才能做到。這些工作連結滿足了個人內在對於關聯性的需求。家庭用品零售商Room & Board的創辦人約翰・嘉伯特（John Gabbert），就跟員工、客戶和供應商建立和維持高品質的信任關係，並且在這個基礎上，創建了一個非常成功的企業[19]。這是一種建立在關係上的商業模式，基礎是互相信任與同心協力——也就是高品質的對話。

Room & Board總部設在明尼阿波利斯（Minneapolis），透過美國各地的十三家實體店面和網站，銷售高品質、經典設計的家居用品。它有八百多名員工，年營收超過三點七五億美元。百分之九十以上的產品是由美國匠人師傅和私人家族廠商在美國製造的。

Room & Board鼓勵透明化和高度投入，如此可以產生相互尊重和信任，使公司得以在員工、客戶和供應商之間，透過以關係為基礎的商業模式來營運。例如，每個月員工都會收到關於公司策略和財務報告的詳細資訊，讓每個人都知道自己是如何為企業的利益做出貢獻。這種向員工揭露財務資訊的動作，實際上是在說：「我們相信你，所以提供這些資訊。」同時也在員工中創造了一個相互當責的環境。該公司信任員工會按照其基本的指導原則（但不是規定），專業地做事情。Room & Board 沒有員工手冊，也不計算病假或個人休假。主管們被教導要根據一些核心原則來做判斷。

同樣，在與供應商的年度會議上，雙方也會提供完整的銷售數字及相關財務資訊，以確保雙方都覺得自己有受到公平對待。在這些年度會議中，雙方都會做出承諾，即使後來市場需求減緩，Room & Board 也會維持其採購的承諾，因為，供應商也承諾願意調整生產時程，以優先生產 Room & Board 的客制化訂單，來做為回報。供應商可以根據 Room & Board 的基本訂製量來規畫自己一年的生產量，而 Room & Board 可以仰賴製造商快速製作出客制化訂單的產品——這是一種互利的關係。

Room & Board 鼓勵所有員工每天只工作八小時，使他們能有自己的個人生活。很多公司都說工作與生活要保持平衡，但 Room & Board 卻是徹底實踐，且相信如果員工在工作之外擁有良好的人際關係，會有助於員工以正面的態度工作，從而對職場關係產生正面的影響。當我為了做研究拜訪各家公司時，通常會提前三十分鐘抵達，因為我發現觀察員工工作時的互動，可以多瞭解到該公司的文化。我去訪 Room & Board 總部那天，在早上八點到達，公司大門是鎖著的。我敲門後，一個保全人員過來，邀請我進去。我問大家都在哪裡，他回答說：「這裡早上八點三十分開始上班，八點二十五分才會開始忙碌起來。」他說得沒錯。我在那天結束拜訪時也碰到同樣的事情；當時我正在採訪資深管理人員和在總部辦公室與經銷中心工作的員工，然後在下午四點半左右，我告訴接待人員，我很想跟大家再多聊幾小時。她回答說，每個人都儘量要在下午五點到五點半前離開。

至於客戶，Room & Board將客戶的長期利益放在第一首位，來建立持續、信任的關係。為了達成這個目標，該公司提供客戶可以訂購客制化產品，而且會比同業更短的時間交貨。Room & Board的實體店面員工薪水，也不是用銷售抽成為基礎，這樣的好處是使得店面員工成為客人信任的顧問，也是客人信賴的諮詢對象。Room & Board還盡量留住員工，因為該公司知道，要建立真正長期的客戶關係，需要降低每家實體店的員工流動率。如果每次客人來Room & Board，都是不同的店面人員招呼，那麼就很難以建立起值得信任的個人關係。

透過員工的高度投入工作，Room & Board的員工年資相較於零售業的平均年資算是非常高。Room & Board的關係商業模式促使其在徵人時精挑細選，努力尋找那些接受公司理念的人，也就是個人的成長不是來自於升遷，而是來自於從工作中獲得更豐富的經驗和更深入的關係。[20]該公司想要尋找跟留住的員工是能夠在工作中找到意義的人。根據Room & Board的指導原則：「當一個人找到自己人生的志業時，會為公司帶來巨大的生產力，也會為自己帶來個人的成就感。這是一個美妙的成功循環。」[21]

跟戈爾、UPS和橋水基金一樣，Room & Board的模式並非適合所有人。我的MBA學生很難接受Room & Board的理念，因為他們當中很多人希望的是盡快在公司內步步高昇。

用心才行得通

杜頓的研究是關於員工在工作上的深度投入，相關的研究則是由密西根大學教授卡爾．威克（Karl Weick）所完成。他的研究重心在於：員工如何在一個強調高度可靠性的企業或組織中，瞭解自己身處於變化速度非常快的環境。他研究了撲滅森林火災、控制空中交通、在航空母艦甲板上降落噴射機，以及操作核反應爐的工作人員，重點放在如何降低心不在焉或自動反應的狀況。換句話說，他把焦點放在我所說的系統2思考和系統2對話，而在這些情況中，一旦犯錯，就可能造成很大的傷害。[22]

威克解釋了為什麼對於成功的企業組織以及成功的員工來說，學習是這麼難：「成功會限縮人的觀點，改變態度，養成對單一營運方式的信心，滋生『當前能力和作法是有效的』這種過度自信，並使領導者和員工無法容忍其他反對的看法。」[23]

他主張，領導者要創造適當的企業文化和流程，來對抗這種傲慢和自滿，具體做法包括：允許自由發言；獎勵回報錯誤；及時的事後檢討；團隊之間相互檢視工作；就算即時遏止了可能出錯的事，也要把這種經驗當做可以從中學習的錯誤。這項研究適用於今日每一個企業，因為威克所提倡的是，個人和組織必須不斷地學習、感知和處理新的資訊，讓自己的心智模型受到檢驗和測試。

威克的研究是關於如何「用心」。實際上，他所主張的是一種系統2的感知方法，因為用心是關注、注意當下的狀況，還有在當下的那個時候。[24]

太多的學習都需要我們在當下用心，也就是很敏感覺察到以下這些事情：必須把自己的思考提升到系統2的層次；要敏銳注意到自己的情緒和自我，並且管理情緒；與其他人接觸時要專心，要建立有意義的信任關係，才能投入情感參與和學習。在《用心學習的力量》（The Power of Mindful Learning）中，作者埃倫．蘭格（Ellen Langer）指出，專心還意味著能夠警覺到有不同和新奇的事物出現，並對不一樣的觀點持開放態度。[25]

這一切都讓我想起了我在奧克拉荷馬養牛人家做生意時學到的一句諺語。當你看著某人的眼睛，而對方看起來顯然是「心有在那裡」，他們會說：「有人在家。」他們的意思是，對方很專注，投入情感，真實，有血有肉。

也許演員伍迪・艾倫（Woody Allen）是對的，他說，現身就佔了人生的百分之八十。[26] 所以真正現身吧！

總結

在我們關於系統1和2的思考和對話討論中，有三個重要的主題：

1. 我們通常高估了自己在思考、連結和學習方面的能力，也高估了自己知道多少知識。
2. 我們沒有充分深入覺察自己的思考、連結、情緒、自我防衛、恐懼，以及我們傳遞給別人的後設訊息。
3. 我們通常不夠積極地用心，因為我們總是太靠自動反應生活。

神經科學和正向心理學的研究已經告訴我們，情緒對於認知和對話的每個階段，都會產生巨大的影響。我們已經瞭解到，在學習時，許多時候必須具備較高層次的系統2思考和對話。要進入這個層面的思考和對話，需要仰賴專注、刻意、用心、努力等因素。透過與他人進行系統2的對話，將可以促進我們系統2的思考。

我們也瞭解到，促進學習的環境，就是值得信任、人性化和正面的環境。這個環境必須促成全心全意的投入、促成相互當責、心態開放、允許暢所欲言、必須回報錯誤和容忍錯誤；對傲慢、精英主義和自滿極為警醒；不看重身份地位和階級。所有這些都有助於系統2的思考和系統2的對話。如果各位想成為一個學習型組織的一分子，就必須投入有效的學習式對話，因為誠如我們前面所說的，學習其實是一項團隊運動。

我們可以這樣想

1. 在本章中，你讀到了哪些令你驚訝的內容？
2. 你最想反思和採取行動的三個收穫是什麼？
3. 你想改變哪些行為？

第七章

關鍵要素三：關於批判性思考的工具

事實是我們的起點。——亞里斯多德

在本章中，我們要討論高成效學習組織公式的最後一部分：「合適的過程」，重點會放在這個過程裡的批判性思考工具。[1]學習是一種過程，在這個過程中，我們根據新的經驗或事實證據，來修正或完全改變我們的心智模型。而批判性思考工具則是用來幫助我們找出自己心智模型中的弱點，並且對付我們的人類天性，例如：認知盲點、認知失調、認知偏誤和自我防衛，這些都會使我們的心智模型非常難以改變。理查・W・保羅（Richard W. Paul）和琳達・艾爾德（Linda Elder）在他們的《批判性思考：掌控你的職業和個人生活的工具》（Critical Thinking: Tools for Taking Charge of Your Professional and Personal Life）一書中，提出了我稱之為「批判性思考信條」的主張，對我們以下關於批判性思考工具的討論很有幫助：

> 我不會隨便認同任何信念的內容。我只認同「形成我個人信念的過程」。我是一

個批判性思考者，因此，我願拋棄任何不能被事實證據和理性思考所支持的信念。我願跟隨事實證據和理性，無論它們指向何方。我真正認同的身份是：我是一個批判性思考者，一個終生學習者，一個期望自己的信念越來越符合理性而更懂得思考的人。[2]

如果我們將「自我形象」和「自我價值」從我們的信念當中抽離的話，我們應該會比較願意讓這些信念接受檢驗，而不是習慣性地捍衛它們。這意味著我們可以做自己，不會為了要維持某種特定觀點、答案、意見或結論，而受到束縛。我們反而可以用思考和對話的方式，來定義我們的「存在」。把我們所知的一切都認定是經過預設的、是可以依據新出現的事證而跟著改變的，這樣就有助於將我們的「自我」與我們的「信念」脫鉤。要成為優秀的批判性思考者，必須對於自己的智識保持謙遜的態度，並且要以健康的心態，適度看重我們所不知道的事情。我發現以下三個簡單的問題可以幫助大家運用這種批判性思考的心態：我真正知道什麼？我不知道什麼？我需要知道什麼？

在本章中，我會重點介紹一些工具或流程，幫助各位達到以下四個目標：（1）減緩我們反射性、習慣性的思考方式，這樣我們就可以適當地做更審慎和更深入的思考；

（2）以開放的態度看待還未確定的資料，這樣可以讓我們比較有可能關注這些資料；（3）幫助我們拆解自己信念背後的預設，這樣我們就能夠讓它們接受嚴格測試；以及（4）幫助我們不斷從自己所做的決定和採取行動的結果中學習。

我在這裡就不討論「理性決策」的模型了，各位可以在任何一本關於批判性思考的教科書中輕易讀到這些模型。相反的，我要討論的是「人性」對於我們批判性思考能力的影響，並且介紹在現實世界中已經開發出來的、已經可以應用的工具，來減少我們思考中常見的弱點。

克萊恩的工具

蓋瑞·克萊恩博士開發了三個工具，可以使我們比較有可能「看到」和處理新出現的或未確定的資料，並且減少我們的認知盲點和歧見。克萊恩和一些人共同創設了「自然主義決策社群」，專門研究專業人士如何在「萬一犯錯代價極高、快速變動的環境中」做出決定，例如消防員和作戰士兵。我們接著就來看看三個工具，分別是：識別啟動決策模式、事前調查法和克萊恩的「洞見」過程。

「先辨識再決策」模式 Recognition-Primed Decision Model, RPD

克萊恩提出的「先辨識再決策」模式（RPD）[3]源自於一種決策研究的方法，但這種方法迥異於行為經濟學和傳統決策研究中採用的方法——行為經濟學及傳統的決策研究也都很有價值，因為它們顯示了人在潛意識裡會使用大量經驗法則和偏見，導致最後做出不是最理想的決策。這方面的例子在康納曼（Daniel Kahneman）和馬克斯・巴澤曼（Max Bazerman）關於認知偏誤的研究中都有提及，[4]我們也在第二章中已討論過。不過康納曼等人的研究主要是在實驗室裡做的，而克萊恩和其他人則是想要研究人們在現實世界中如何真正做出好的決定——特別是在那些明顯有變動、具有不確定性、時間壓力以及很大風險的情況下。[5]根據克萊恩的看法，某些認知偏誤不太會出現在他特別研究的那些現實情況中。

克萊恩發現，在快速變化、而且決策速度很重要的環境中，此時人們通常不會花時間好好想出替代方案，然後權衡每個方案的得失利弊，認真評估每個方案的可能性。相反的，大家會努力快速找出一個適合的方式。此時人們會去弄清楚環境情勢，針對他們認為正在發生的狀況建立出一個模式，然後將此模式跟自己頭腦裡「存檔」的模式加以比對，看哪個吻合。這時，人在做的是感知、處理、闡釋，然後進行模式配對。[6]

根據克萊恩的研究，決策者在這些高速變化的情況下，將眼前的情況與儲存在自己頭腦中的模式做配對後，就會基於先前的經驗和學習，自動產生一個行動方案。這個配對過程通常只產生一個答案——也就是只有一種反應。很顯然，一個人先前的經驗越豐富，儲存在頭腦中的模式就越精細和複雜。這便是專家的競爭優勢。

接下來發生的，依照克萊恩的說法，會令人感到驚訝，也至關重要。這些專家剛才雖然沒有腦力激盪一番，產出好多種反應，但也不會只接受腦中立刻浮現出來的那一個答案。他們反而會停下腳步，認真運用刻意的、專注的系統2思考，去類比和想像出，如果他們做出那樣的反應，那麼會有什麼結果。他們會在腦海中模擬，如果做出該反應可能會發生什麼狀況。他們會在內心裡預演可能產生的反應。然後，評估自己在內心所「看到」的。如果他們認為這是可行的，便繼續執行。如果有顧慮，就會嘗試修改自己的反應，將「一開始因應狀況發生而產生」的那個反應加以調整，以降低顧慮。如果這樣做還不能讓自己滿意，這時候他們才會去想另一個方案。研究發現，這是一個有效的過程。

這裡有一個例子，可以說明這樣的模式如何行得通。有一個消防隊長帶著隊員去處理一家工廠發生的火災。抵達現場之後，隊長先評估狀況：建築物內有人嗎？有人受傷嗎？火災的規模和嚴重性多大？建築物是用什麼建材蓋的？建築物內有什麼東西？鄰近有什麼建築物？裡面有什麼？所有因素這些都要迅速加以思考，此時隊長會自動將眼前所看到的，跟自己腦中儲存的「檔案」模式做配對。過去類似的火災案例，和那些案例中採取的滅火措施，很快就會浮現在他的腦海中。

現在關鍵的部分來了。隊長並沒有立即下達指令並採取行動。相反的，他刻意花時間去想：如果自己比照以前的情況，去處理眼前這個情況，那會怎樣。他用模擬和想像去推演，如果真的使用腦海中出現的行動方案去做，那會發生什麼狀況。他在心裡先預演或演練要怎樣展開行動。這時候，隊長會很敏感地去覺察，是否有哪裡感覺不太對勁。如果在心裡模擬的感覺「不對勁」，那麼他就會認真仔細去想，到底是哪裡感覺不大對。在眼前這場火災中，是否有哪裡不太一樣？然後，隊長做出決定，要嘛繼續執行，要嘛迅速修改他的方案，然後繼續執行，或者花個幾分鐘時間，想出更好的對策。

這個思考過程可以應用在每天的工作職場中。我們每天都會很快做出許多決定，但要嘛沒有認真思考其他選項，要嘛就是沒有先在心裡預演想要提出的行動方案。在這當中有些決定要比其他決定更重要。我們必須覺察到自己往往傾向很快做出決定，所以在面臨重要決定時，必須強迫自己放慢速度。

在這種情況下，我認為克萊恩提出的 RPD 模式會有幫助。RPD 會很有效地告訴我們，我們需要辨識出，在每天要做的決定中，哪些需要我們停下來，先在心裡想像一個原本會快速出現的反應。這樣做有可能會讓我們注意到：這個眼前引起我們注意的情況，有哪裡不太一樣。這就是關鍵。眼前的實際情況，與我們頭腦中配對到的模式相比，有哪些明顯不同之處？同時，我們需要對我們的感覺保持敏感，因為它們代表我們在潛意識中直覺就知道的事。這個可能會採取的行動是否「感覺」正確？如果答案是「是」，那就繼續。如果答案是「不完全是」，那麼我們就需要特別注意哪裡感覺不對，以及為什麼。

這個 RPD 工具對每個人來說都很好用，因為它適用於任何重要的情況，而在這些情況下，我們往往會按照腦海中出現的第一個答案行事。RPD 工具幫助我們放慢自己快速、最初的反應，讓我們可以先想想，我現在心裡的這個反應，在這個實際的情況下會如何發展。這可能會引導我們採取不同的、更好的行動方案。

事前調查法

克萊恩的 RPD 工具在以下情況效果很好：你根據以前類似的經驗，已經在頭腦中建立了模式，這時候現場需要立即採取行動。但是，當你要開始做某個全新的事情時呢？在職場上，你可能要採取新的措施、新的流程，或進行創新、制定策略、向外擴張，或任何在專業領域上的重大變革，例如技術或人力資源。在這些情況中，你的頭腦中可能沒有基於過去經驗所儲存的模式檔案，因為你要嘛沒有經驗，要嘛沒有足夠用得上的經驗。但是你有關於工作和在自己本業要怎樣運作的心智模型。在這種狀況下，風險在於你可能過於依賴自己現有的心智模型。這可能導致你盲目地以為，關於自己本業要怎樣運作的心智模型，可以適用於全新的情況，因此沒有對自己的這些心智模型進行批判性思考。為了解決這類狀況的問題，克萊恩發明了一個名為「事前調查法」的工具，專門針對因應新情況所要制定的決策，進行測試。

事前調查法是一個過程，要在初步決定行動方案後、但在採取行動前使用。它要求相關的人都要先設想：當我們提議的行動已經實施，而且失敗得很慘。[7]這應該會迫使每個人的心態產生轉換，從對新想法感到興奮，轉變為檢討失敗的原因。哪裡出錯了？為什麼這種失敗會發生？團隊中的每個成員都應該列出這次失敗的所有原因。這樣做的關鍵是，把自己帶入實際失敗的心態中，就能夠發現在原本計畫過程中沒有想到的新的可能性。

事前調查法的下一個步驟，是統整行動為何失敗的所有原因，然後回到原本打算提出的行動方案，評估自己是否已經充分降低這些潛在的風險。你可能需要修改行動方案以降低失敗的風險，或者如果發現風險實在太高或太大，那就需要制定一個完全不同的計畫。

克萊恩的事前調查法有兩個潛在的好處。首先，它可以減少過度自信，因為它會降低我們的確信，而這樣可以讓我們進入比較開放的心態。其次，實際討論和思考什麼事情會導致失敗，可以讓我們在繼續往前的過程中，比較有可能注意到早期的警訊，知道哪裡可能出錯。而使用事前調查法其實還有第三個好處：它可以幫助你感知和處理那些你通常不會注意的不確定資訊。這並不是唯一使用這種方式的批判性思考工具；下一節要討論的「學習啟動」過程也包括了一項明確的步驟，要求團隊陳述哪些具體的證據可以質疑或反駁一個預設或信念。當某個信念被質疑或被反駁的時候，我們都需要停下來，把自己放在不同的心態中。[8]這樣做實際上是創造了一種「對重要線索的敏感度」，否則我們可能會忽略這些線索。

我首度認識克萊恩的事前調查法這個工具時，真是深感認同，因為我曾在三個主管教育訓練中使用過類似的工具，替領導高層主管上課。我要求這些主管寫兩篇文章，刊登於一個假想的、十年後曝光的重要商業媒體上。第一篇文章是關於X公司的故事，標題是「持久成功的典範」。第二篇文章是關於X公司故事的另一個版本——「企業衰亡的悲慘故事」。

第一篇文章對他們來說很容易，而且蠻能反映真實狀況，因為從文章中可以看出每位主管是如何定義成功。不過第二篇文章才是這個練習的真正目的，它要求這些主管去思考：什麼因素會摧毀X公司。這個練習，在兩次的主管教育訓練中達到不錯的效果，而且讓參與的主管能夠在自己的公司建制早期預警系統，協助檢測可能預示衰亡開始的資料。然而在第三個教育訓練中，參與的主管們有點不一樣。他們認為自己萬無一失，所以寫出的第二篇文章，竟然把X公司的失敗描繪成「因為政府的管制」。顯然，如果你根本無法想像失敗，這些練習也不會有幫助。

這種講故事的方法很像「情境計劃法」。情境計劃法在商業管理上已經使用了很長的時間。殼牌石油（Shell Oil）公司在一九七〇年代初採用這個方法後就變得廣為流行。此方法的目的是要幫助工作團隊具體創造未來的實景——因此採用情境計劃的人，必須要避免讓自己此刻的心智模型，限制了未來的其他選項。情境計劃法會問到：如果這樣的狀況發生了怎麼辦？這對未來有什麼影響？情境計劃的效果，取決於推動這個過程的團隊（這點很像上面提到的，我在主管教育訓練營使用的工具）。在過程中，是否能夠納入不同觀點？團隊在挑戰現有的心智模型方面，是否得到幫助和鼓勵？

洞察的過程

克萊恩研發的第三個工具，則可以讓我們看到或想到自己自然而然就會忽略的東西。

克萊恩將這個重要過程描述為獲得「洞見」[9]，並主張大多數洞見來自於兩種思考資訊的方式：（1）刻意尋找新的方法，將事物組合起來（把點連接起來）；（2）注意到差異（矛盾／異常／不一致）。

洞見有可能引導出創新的商業流程或新的策略。為了尋找洞見，我們必須放慢自己的思考，刻意去尋找。這要求我們暫時停止判斷，並保持開放的心態。這個方法或許可以解開心智模型對我們思考的強大控制力。洞見思考幫助我們以新的方式詮釋資訊。各位可以用像以下的問題來問自己，從中找到洞見：

1. 這裡有什麼資訊是跟我的看法相抵觸或不一致？如果有的話，這可能意味著什麼？
2. 是否有一些新的、不尋常的、或異於常態的事物，我應該思考一下？這些資訊可能意味著什麼？
3. 我能否以不同的方式看待這些資訊並產生不同的答案？
4. 如果我以不同的方式定義或重新提出我的問題，會不會開啟新的選項，或幫助我看到更多的訊息，或創造一個不同的圖像出來？
5. 我是否主動列出了哪些資訊是未經確認的？我是否主動搜尋過還未確認的資訊？如果沒有，我應該搜尋嗎？
6. 我的答案是否感覺正確並且合理？

要尋找洞見，我們需要對那些不合情理、不符合我們所相信或想要相信之事的資訊，抱持著開放的態度。在第十章中，我們會探究財捷這家公司的學習過程，以及它是如何從學習試驗中尋找驚喜（洞見）；這些驚喜可以成為基礎，發展出能夠滿足客戶需求的全新方式。

我們之前談過恐懼會抑制良好的思考和學習，不過有時候恐懼也是有益的。例如，害怕沒有辨識出來某個會對你職場工作帶來實質改變或負面影響的東西，這在我看來是一種好的恐懼，我稱之為「建設性的偏執」。最近我以客座董事長兼執行長的身份，在一家業績長期優異的上市公司裡，替一個非常優秀的資深管理團隊上課六個小時。課程的目的是討論如何重視「我們不知道什麼」，以對抗自滿和因為自己才智產生的傲慢。我的角色是要幫助這個團隊辨識並明瞭他們對於自己工作和行業的固定型心智模型。研討會結束時，課程主辦人把我拉到一邊表示感謝，並說他認為我這一整天說的最重要的事就是：「把你認為自己知道的一切當做只是假設，不斷用新的資料來重新檢驗。」

我認為，克萊恩的貢獻在於：批判性思考工具的目的是幫助我們減少自己懶惰思考的自然傾向，因為我們懶得思考，所以通常不會檢視自己的心智模型，不會測試我們對情況的習慣性反應。此外，我們通常無法感知、無法處理可能對我們心智模型和信念產生質疑的資訊。我們一般都是靠著慣性行事。克萊恩的工具可以幫助我們放慢自己的思考速度，因為他的每個工具都要求我們進行批判性的思考。按照RPD的模式，我們需要停下來，在心裡先模擬和預想一個原本想提出的行動方案，並評估此方案是否很適合當前的情況。事前調查法要求我們刻意思考什麼可能會導致失敗，並評估潛在的失敗原因會如何回過頭來影響我們想要提出的行動方案。克萊恩獲得洞見的工具則是有助於我們發現新的想法。

接下來我們要討論的工具，可以幫助我們拆解自己心裡的預設。拆解預設對於壓力測試我們的信念和決定、改變我們的心智模型和行為，以及影響組織變革都非常重要。

拆解預設

若想壓力測試我們的批判性思考，需要我們清楚說明自己的看法或觀點。下一步就比較難了——我們必須找出「用來合理化這些信念或觀點」的基本預設。要做到這一點，我們必須拆解——也就是辨識出、描述出——這些基本預設。這個拆解過程類似於在公司運營或生產情況中進行根本原因分析，或採用「豐田5個為什麼」的方法。例如，你有一個製造上的問題，想找出是哪裡必須要解決，以避免未來出問題，於是你不斷問「為什麼」，直到找出根本原因為止。這個過程也恰好類似在認知行為療法[10]和臨床心理學諮商[11]中用來幫助人們改變行為的基本過程。在這些狀況中，個案必須就他們想要改變的那個行為，去拆解造成這些行為的感覺、情緒事件和潛藏的信念。

在職場環境中，當我們想要對自己的信念和暫時的決定進行壓力測試時，也必須有要同樣的過程。以下是這個過程的要點。我們必須：

1. 清楚地說明我們的信念；
2. 拆解此信念背後的預設；
3. 確定我們在這些預設的基礎上做了哪些跳躍式的思考或推論；
4. 評估那些支持和反駁這些預設的資訊，對這些預設／推論進行壓力測試；以及
5. 確認我們是否有足夠好的資訊來進行這個過程，或者我們是否需要收集更多的資料。

這種拆解過程要求「放聲思考」，這有助於確保決策過程的透明和慎重。想一想，如果在每個討論重要議題的團隊會議上，會議負責人都遵循這五個步驟的流程，讓「放聲思考」成為一種常態，特別是在做出或評估替代選項和決定時，這會多麼有力道。這個工具

很有成效嗎？是的。它有用嗎？是的。第九章中我們會讀到，在橋水基金就有這麼一個非常類似的工具。

二〇〇七年，達頓商學院開發了一個稱為「學習啟動」的工具，拆解預設即是其中一個關鍵的部分。[12]它是一個低成本、快速的試驗，用於測試新的成長與創新理念。基本上，學習啟動是商業測試或實驗的科學方法。它包括七個關鍵步驟：（1）選用一個商業想法，把它當做一項假設，重新描述；（2）拆解這個想法所依據的客戶價值、執行力、可防禦性和可擴展性等方面的預設；（3）優先測試具有關鍵性的預設；（4）設計實驗來測試這些關鍵性預設；（5）進行實驗；（6）評估結果；以及（7）決定接下來的行動。

自從「學習啟動」開發至今，它已經演變成一種測試流程，甚至連職場工作流程的改進也可以用來測試。它的前提是盡量快速、低廉地跟客戶或內部使用者一起測試新點子背後的關鍵性預設。在許多方面，它類似企業家在使用精實創業過程中的做法，[13]只不過學習啟動一開始並不需要一個原型來評估客戶需求。

學習啟動要求我們設身處地為客戶／消費者著想，深入思考：一個點子必須具備哪些條件，才能成為一個好的想法。要做到這一點，需要深入探究到最基本的、最迫切的客戶需求，而這種需求是強大到足以打敗客戶的惰性，並促使其改變行為——也就是向我們購買。

首先從回答這個問題開始：「這個預設必須是怎樣才會是真實的？」第二步是延續「豐田的5個為什麼」方式，從第一個問題的答案出發，問自己這個答案必須是怎樣才是真實的，然後繼續這個過程，直到我們找到所有根本的事實真相，而這些事實真相必須是真實的，我們關於這個新產品或策略的預設才會是正確的。當然，我們也必須對我們的資訊進行批判性思考，而且要決定那些資訊是否夠確實，才能證明我們的預設是對的，同時還要考量此決定是經過認真與周延的判斷。一個好的批判性思考者會知道，所有的決定都是基於一些不太完整的資料，而且我們有一種傾向，就是忽視或輕忽不確定的資料。

在拆解關鍵性的根本預設之前，我們無從得知這些資訊是否會支持或推翻你的信念。我在教導這個拆解的過程中，瞭解到大多數經理人者和領導者發現拆解預設要比他們以為的難多了。不過這是一項可以學習的技能，練習過就容易了。著名的研究心理學家萊爾．伯恩（Lyle Bourne, Jr.）和愛麗斯．希利（Alice Healy）在他們的《訓練你的心智，登峰造極》（Train Your Mind for Peak Performance）書裡指出：認真、刻意地練習怎樣使用思考工具，再加上即時、有建設性的回饋，我們就可以學會思考得更好。換句話說，拆解預設是可以學習的，而且隨著練習、練習、再練習，就能思考得更好。

過去六年間，我與管理者／領導者在研討會上進行過兩百次以上的學習啟動，我發現

以下的問題對拆解預設和檢測背後的訊息很有幫助：[14]

1. 要檢測的預設是什麼？
2. 我們已經知道哪些事實可以證實這個預設？
3. 我們已經知道哪些事實反映出這個預設有令人懷疑之處？
4. 有哪些具體事實可以證實該預設？
5. 有哪些其他明確的事實否定該預設？
6. 對於其他每一項可以證實該預設的明確事實：
   - 誰知道這些事實？
   - 我們是在哪裡找到這些事實？
   - 我們需要多少個不同的確認管道？
   - 我們要如何減少在搜尋中發生的確認偏誤？
7. 對於每一項會反駁預設或令人產生懷疑的明確事實：
   - 誰知道這些事實？
   - 我們是在哪裡找到這些事實？
   - 我們需要多少個不同的反證來源？

收集資料既是科學也是藝術，它很像在訴訟中發現證據的過程。事實上，為了訓練年輕的訴訟律師如何取證而編寫的材料很值得參考，可以從中學到怎樣在職場工作中表達跟提出開放式的取證問題。開放式問題與引導性問題不同；後者是引導回答者找到你想要的答案——這就是確認偏誤在作祟。你想要的答案應該是真相——就是事實而已，無論是什麼。

為了進一步減少檢測預設時的認知盲目和確認偏誤，資料的搜尋應該由團隊一起完成，而不是只由一個人進行，而且團隊不應該在得到一個大家都滿意的答案時便停止提問。相反的，大家應該要繼續探索，以不同的方式提出問題，或者讓回答者闡述自己的答案。同樣的，重點是要找到真相，而不是你所希望的答案。

這裡有個例子可以說明。假設你在 Orange Delicious Corporation 公司負責提出新的業績成長計劃。你想在自家網站和亞馬遜網站上直接賣柳橙給消費者，你的目標任務是想出新的點子，增加營業額，而你認為賣柳橙榨汁機也是一個好主意。

你的點子要能夠成功，必須具備哪些條件？你對客戶／消費者的需求做了哪些預設？你對於自己執行這個想法的能力有什麼預設？為了能夠與競爭對手抗衡，你做了哪些預設？

以下是一些可能的預設。你的第一個預設是，很多顧客購買你的柳橙是為了榨汁，而不只是把皮剝了吃掉。你的第二個預設是，這些客人認為自己現在榨汁的方式或產品，不是很合適，需要不同的榨汁機產品。你的第三個預設是，即使有不錯的解決方案能夠解決這些不足之處，但無法以客戶滿意的價格上市，所以無法採用。你的第四個預設或許會是，銷售榨汁機可以讓你接觸到新客戶，而這些人目前是從其他管道購買柳橙。

你在預設客戶／消費者有需求時，在執行方面做了哪些預設？首先，你是否預設你能夠以顧客滿意的價錢開發並銷售一款榨汁機？第二，你是否預設客戶會從你，而不是從其他廠商那裡購買？為什麼？第三，你是否預設你有能力以足夠低廉的成本，自行或委託製造出一款榨汁機賺取利潤？第四，你是否預設現有的競爭對手不會積極因應？

預設潛藏在我們的心智模型、自我防衛和行為的背後。組織心理學家羅伯特．凱根和麗莎．萊斯可．拉赫曾合寫了一本有趣的書叫《變革抗拒》（Immunity to Change）[15]，在書中他們特別著重於研究為什麼人們即使努力想要改變，仍然很難改變自己的行為。他們發現，就算人想要改變，表現出來的行為還是會阻礙或遏止自己去改變。這是因為大多數人會信誓旦旦做出承諾，想要大大表現一番，但他們通常沒有覺察到，自己這個承諾都遠遠超越了想要改變的動機。根據凱根和拉赫的觀點，要克服這種大大表現一番的承諾，人們必須先發現到這點，然後必須找到造成遏制承諾的根本原因——也就是凱根和拉赫所稱的「大預設」。[16]

大預設多半與我們人生中早期出現的恐懼或自我防衛有關。我們通常需要別人幫忙，無論是諮商師，還是值得信賴的朋友，才能意識到自己的大預設。在這裡，我們再次看到拆解過程所帶來的力量。我發現，在各個領域（商業、決策、心理學、行為改變和教育）中，人類的行為都受限於個人的心智模型和自我防衛。為了改變行為，人們必須改變自己的心智模型。但除非我們拆解自己信念背後的預設，並進行理性的檢測，否則我們無法改變自己的心智模型。

在《批判性思考》一書中，[17]保羅和艾爾德在討論非理性情感如何抑制批判性思考時提出了同樣的論點。根據他們的說法，在非理性情感的背後是非理性的信念，而抑制非理性情感的聲量和力道的方法，則是去挑戰非理性的信念。要做到這點，你必須拆解自己的感受，然後拆解感受背後的非理性信念。接著，保羅和艾爾德主張，你可以嘗試理性地思考這些非理性的信念，直到你能弄清楚為什麼非理性的信念是非理性的。之後，當你在經歷這些相同的感受時，應該就能夠找回自己的理性思考。同樣的，這是一個拆解的過程或根本原因分析。

美國陸軍的「任務後歸詢學習機制」

到目前為止，我們重點介紹的工具可以（1）幫助我們放慢反射性思考方式，而比較審慎地思考；（2）減輕認知盲點，幫助我們看到不確定的或新的資料；（3）拆解我們信念背後的預設和自我防衛，以便批判性地評估我們自己的思考，減少對學習的抑制因素。接下來的第四種工具，則可以幫助我們從自己的行動和經驗中學習。這個工具便是美國陸軍「任務後歸詢學習」（AAR）機制。[18]

任務後歸詢學習機制是在執行任務之後，團隊成員之間進行的對話。召開會議的負責人會帶領團隊進行探索性的對話，目的是為了從這次的行動中學習，而不是找出錯誤或指責。一般在任務任務後歸詢學習當中，常提出的問題有：發生了什麼？為什麼會發生？怎樣是可行？怎樣是行不通？為什麼行不通？我們下次應該採取什麼不同的做法？任務後學習的目的是盡可能實事求是，而且讓每個人不分位階級別都參與討論。美國陸軍建議所有人以馬蹄形的座位形式坐在一起，而如果有較高階的軍官會在場，那就坐在後面。無論級別如何，每個人都要提出意見，而且每個人都可以暢所欲言。

這個工具很有效，它的成功也取決於人們是否有正確的心態和行為，還有是否信任彼此跟這個工具。為了有效，在過程中需要參與者面對殘酷的事實，亦即必須要討論到因為失敗而可能會產生嚴重的後果。同理心、同情心和情感支持非常重要，因為在隊友面前承認錯誤需要勇氣。任務後學習的目的是為了學習，這樣團隊才能夠不斷改進。改進取決於學習式對話的品質，而第六章關於學習式對話所提出的要點在這裡全都適用。

這個工具是否有用？根據我在投資銀行和策略諮詢領域運用任務後學習的經驗，答案是肯定的。每次與客戶或目標客戶會面後，我和我的團隊都會在離開現場後儘快找個地方，進行十五到二十分鐘的任務後學習。我會問以下這些問題：會議中發生了什麼？這個會議實際上是在談什麼？發生了什麼讓人驚訝的事情？我們達成了自己的目標嗎？什麼是我們還可以做得更好的？有些時候，我們在會議結束後緊接著做了三到四次這樣的討論，因為這時我們對會議都還記憶猶新。這對年輕的團隊成員也是一個很好的教學工具。我建議每個組織都需要某種任務後學習機制，做為一項標準的學習過程。

總結

我們已經瞭解，我們在認知方面的感知與處理系統主要是為了確認自己的信念，並且肯定我們的自我形象。我們的自我防衛系統則是致力於維護我們的自我形象，保護我們不受恐懼影響。同樣的，這些恐懼潛藏在「大預設」的背後，而大預設限制了我們學習和改變行為的能力。除非我們拆解並找出這些潛在、造成抑制的大預設，否則我們的學習會受到限制。

在工作上，除非環境催逼我們進行批判性思考，否則我們的思考和學習就無法達到最好的境界。而環境必須讓人覺得有安全感、相信公開披露資訊之後這些資訊不會被用來傷害自己，思考和學習才會發生。我們兜了一大圈又回到了第五章所說的內容：哪些類型的組織環境和領導行為，能夠促進個人學習和高成效組織學習。

我們還瞭解到，要成為一個有效的學習型組織，需要員工有高品質的學習。這種學習需要高品質的批判性思考和高品質的學習式對話，而這反過來又需要一個值得信任和真誠的環境、需要能夠允許自由發言、需要有展現「人性」的自由、需要披露我們自己的弱點。我們藉由面對外在世界和自己內心的殘酷事實——也就是我們心裡那些會抑制我們學習和成長的恐懼，來克服我們思考和學習的缺陷。橋水基金建立起了這些模式，不僅能夠促進批判性思考，而且還能對抗每個人的自我防衛，避免抑制自己的學習和成長。這就是為什麼第九章中橋水基金的故事是如此重要。

批判性思考的工具對學習非常重要，尤其是在充滿變化的職場環境中。無論是個人還是組織，都不容易面對變化。本書希望能幫助個人和企業學習，進而推動個人和企業產生改變，以便適應環境。我在為本章搜尋批判性思考工具時，發現了由美國陸軍贊助的學習研究，可以做為一個探索的途徑。這是我為什麼會發現克萊恩的研究。他的研究方法和發現讓我深有同感。於是我跟他聯絡，請他參與本書的寫作。接下來的一章是我採訪他的逐字記錄，非常精彩，我認為會有助於闡明本書第一部分中討論的許多主題。

我們可以這樣想

1. 在本章中，你讀到了哪些令你驚訝的內容？
2. 你最想反思或採取行動的三個收穫是什麼？
3. 你想改變哪些行為？

第八章

與蓋瑞・克萊恩博士的對談

蓋瑞・克萊恩是宏觀認知科學公司（MacroCognition LLC）的心理學家，專門研究人們如何在自然環境中做出決策。他的大部分研究都是關於高速變動環境中的高可靠性職業，尤其是美國軍隊。克萊恩是自然主義決策領域的創始人之一，寫過五本書；他最近的一本書《看見別人看不到的：我們獲得洞見的非凡方式》（Seeing What Others Don't See: The Remarkable Ways We Gain Insights），非常值得一讀，而且被亞馬遜網站的編輯選為二〇一三年十大商業類書籍之一。

我跟蓋瑞的訪談內容很有意思，可以學到很多。首先，他把幾十年的研究不僅應用到上一章批判性思考的主題上，還用到了我們在本書第一部分討論的許多主題上。他在整個訪談中提出了重要的觀點，包括：固定型心態如何限制學習；情感因素對於正確決策有多麼重要；為什麼組織環境從根本上就會抑制學習；在大型組織中「允許自由發言」會有什麼挑戰；好奇心和開放心態的重要性。

他還分享了一些關於邱吉爾、英特爾公司、以色列國防軍的趣聞，以及他自己的兩個故事，關於情感在個人職涯上的重大決定中，會扮演什麼樣的角色，還有如何邀請並讓團隊成員參與坦誠、開放的學習式對話。最後，他談到了自己為何不同意康納曼關於確認偏誤的觀點。

我就廢話不多說了，以下是蓋瑞・克萊恩博士的訪談內容。[1]

作　者：非常感謝你接受訪談。你有一本書的書名叫《路燈和陰影：尋找調適性決策的關鍵》（Street Lights and Shadows: Searching for the Keys to Adaptive Decision Making），很有意思的書。你書名中的「調適性決策」是指什麼？

克萊恩：一般人在教導和處理很多的決策過程時，都好像自己可以預先設定好有哪些選項。而且一旦你能預先設定有哪些選項和評估標準，整個流程就萬年不變。但我在研究中發現，其實沒有萬用的評估考量方式。而且你在經歷這整個過程時，會開始發現有其他的評估標準和其他不同的選擇。所以，大家以為「我們可以事先建立一個模式」的想法是不成立的，因為標準和選項是隨著發現在演變的。這就是調適性所講的部分。

作　者：所以你其實是指，在不斷變化的環境或充滿不確定性的環境中做決策，以及在還不算是真正瞭解實情的狀況下做出決策。這就是你要講的嗎？

克萊恩：是的，沒錯。所以，這裡包含兩個部分。第一個是，狀況可能不太確定。第二個是，情況一直在變動中，因此情況是充滿變化。第三個因素是你在這個過程裡的發現。

作　者：我喜歡你的「先辨識再決策」模式（RPD）模式，因為可以用來處理這幾類的狀況境。你能描述一下，為什麼這個模式也是一個調適性決策模式嗎？

克萊恩：它之所以是一個調適性決策模式，是因為它描述了人如何處理時間、壓力和不確定性。它也描述了人如何能夠快速地對新的發現或情況做出反應。研究顯示，要建立一個決策的模式需要半小時左右。這對我們在研究的大多數人來說是沒什麼幫助，因為他們沒有那麼多時間來做決定。所以，他們就無法具備調適性。從他們的識別策略可以看出，人們是如何迅速改變對情況的判斷，改變啟動的模式，而能夠真正具備調適性。因此，當他們找出模糊不清之處，瞭解到改變後的情況會怎樣對他們產生新的要求時，自己就會重新定位。

作　者：所以要做好這一點，在我看來，就必須對自己的環境非常敏感，並且能夠處理這些資訊，即使這些訊息跟自己的想法或預期不同。換句話說，我們不能抱持固定型的心態，也不能讓自己的心智模型抑制處理的過程。對新的資料、不同的資料或矛盾的資料要夠敏感和警覺。這個模式基本上描述了在這些類型的環境中人們如何做出更好的決定。

克萊恩：我同意大部分你所說的。我認為，對我來說，真正的問題不在於是否有一個心智模型，而在於是否被固定住了。所以我認為，這就是你剛所說的重點——那些眼中只看得見自己原本想法、想扭曲現實的人（有時候會說成是認為是地圖錯了，自己的想法才是對的），這些人會無法處理變動中的情況。你所描述的，還有一個重點，就是對變動秉持真正開放的心態，這樣才能快速調適。

作　者：我想談談關於保持開放心態的這個想法。你的很多研究都是關於很危險或生死攸關的工作環境。然而，商業世界也是正在以更快的速度變化，資料量每天都不斷增加，必須做出決策的速度也變得更快。因此，想法開放的概念是至關緊要。基於你的研究，你是如何訓練人們抱持著開放的心態？

克萊恩：嗯，對於這個問題，如果我們有很好的答案，那我們就發財了。我認為部分原因在於個人差異，與訓練無關。有一些人對於新的經驗會抱持開放的態度，當他們看到異常狀況時會產生好奇心，而有一些人，則是因為他們很有決心跟毅力，所以可能已經升到很高的位置。你可以仰賴他們，那是因為一旦他們說了，他們就會盡全力做到。而這與想法開放和對情況變化抱持開放態度的人正好相反。所以部分原因是個人的差異。

還有部分原因是來自上層的壓力。是否受到壓力不能改變？當下屬要做出這些改變時，是否會受到指責？還是受到讚賞，因為團隊很重視重新思考？我正在讀邱吉爾的傳記，他是個有強烈主見的人，很堅持自己的想法。他很努力要按照自己的方式進行。不過他有足夠的專長，能夠覺察到新的發展背後有什麼含意。所以我想，訓練的目的是要讓人們建立更豐富的心智模型，這樣才能夠看到新資訊背後的含意和細微差別，而不會忽略早期預警的訊號。

作　者：基本上右腦發達的人會比左腦發達的人更善於調適嗎？這是一個被檢測過的假設嗎？

克萊恩：我不知道是否有人檢測過。我見過很多人在進行分析的時候，因為太過於專注在分析和結果，使得他們對情況變得很不敏感。還有一些人非常依賴模式——他們可能只看得見既定的模式（因此受到限制），也可能看見新的模式而開始行動。我不太確定，不確定那是不是困住他們的點。我認為是人們不願意改變自己的想法，或者需要保持前後一貫（避免變來變去），而我認為有些人對經驗是秉持開放的態度。我認為這裡面有一個跟訓練無關的個體差異，也就是對於經驗所持的開放態度。另外，有些人需要考慮可能產生的影響，還有些人則一旦做了決定，就不會想那麼多，就不想再進一步探究了。

作　者：你提到了身處的環境，以及是否有來自上層的壓力。讓我們談一談商業世界的情況。我們前面曾經談到，在那些經營非常出色、仰仗百分之九十九零缺陷的可靠性、可預測性和標準化運作的組織所遭遇到的困難。在這種環境中，人們是否可以放心地改變想法和承認自己的錯誤？與商業世界相比，軍隊是如何創造這種環境的？你的經驗是什麼？在軍隊中，是否允許大家自由發言、允許改變主意、或表達質疑？

克萊恩：我並不同意你說軍隊裡有在教這個。就算長官說允許大家自由發言，如果我是一個年輕的軍官，我可能第一次會相信，但只要我因為說出自己的想法而被狠很修理了，我下次就會小心，而且在軍隊的環境中必須非常謹慎，大家以為自己可以自由發言，但其實是不行的。而允許大家暢所欲言的人自認為自己是說真的。讓我舉一個我自己公司的例子。

我經營自己的公司已有二十七年，我們會告訴新來的人，你對我們來說是一個寶貴的資源，因為你是用新的眼睛在看我們所做的一切。所以，我們希望你告訴我們你的看法，因為我們知道你可以幫助我們避免掉我們一直累積的盲點，而你沒有那些盲點。當我們說這些話的時候，我們是認真的。有一次我在會議上討論，有個剛進公司的人想要發言。包括我在內的資深主管都覺得，「等等，你不應該發言。你根本還不知道這裡在幹嘛」。所以態度都顯得不太耐煩，儘管我們已經說大家可以自由發言，而且我們相信自己是說真的。

不過，我曾經在軍隊裡看過鼓勵發言的情況，那次是一個高層指揮官找了一個年輕、精明的尉官一起合作，這位將軍要求尉官繞過整個指揮系統，有話直說。因為在指揮系統當中，你會發現總是有人不希望某些意見被表達出來。因此，軍方這類的安排就像是有一個望遠鏡，你跟年輕的軍官是私下接觸，而這個軍官會覺得受寵若驚可以直通他的上層長官，並開始相信長官不會背叛自己。另有一位中將曾告訴我，「沒錯，這就是我喜歡與下屬合作的方式。而在中間的人，像是我的上校跟准將，就會抱怨他們的權威都沒了。但我身為中將，只告訴他們，『你們要習慣。這就是我的方式』」。

作　者：非常有趣。我只是在想這個心態開放的概念，似乎跟你很專心在做的事跟獨立判斷有關係，這能夠讓人得以在沒有壓力的情況下（要順從上司、或者擔心自己是否會看起來很糟）做出決定。我是不是太天真了？還是我只是在尋找一個根本不存在的烏托邦？

克萊恩：我不認為這全然是烏托邦。我也不認為這完全是個幻想。我認為在某些企業組織裡，成員們已經學會了相互信任，瞭解自己可以有話直說而不會受到懲罰。雖然我覺得這種情況很少，但我認為是有可能發生的，而且它可能是一種想法。我認為，如果你沒有這樣的想法，那麼權宜之計是使用類似定向望遠鏡的概念，這樣你就不會被主管的觀點所限制住，而底下的人可能已經有警告過一些事情，但他們無法直接向上傳達給你，因為這些警告聲音被壓制下來了。在指揮體系中只要一個環節阻塞，這些警告就不會出現了。所以，是有一些方法可以解決這個問題，或者有一些方法可以使環境變得更加開放。無論哪種方式，我認為，都能讓你得到你想要的。我寧可有你所說的半烏托邦式的觀點，讓組織裡的每個人都知道，可以安心說出自己的想法。但這還蠻難做到就是了。

作　者：讓我講回心智模型。我在你的研究中發現了一些有趣論點。雖然有很多關於心智模型的負面文章，但你提出了一個觀點，認為心智模型也有非常正面的作用。那麼，一個人要如何知道自己的心智模型是什麼？其次，我怎麼知道我的心智模型有沒有問題？會不會把資訊擋在外面，使我變得固執或封閉？一個人要如何管理這整個流程？

克萊恩：我認為，人確實可能知道自己的心智模型，但真的很難，所以這裡有兩個問題。第一，你要怎麼知道自己的心智模型？這個問題的答案很簡單：你不知道。正因為這樣，所以你才能快速反應，因為你沒有去諮詢自己的心智模型。你只是在使用它，因此它會掌控你看到的東西和加以思考的方式。這其實是一種隱性知識。這使得它很危險：因為如果你的心智模型有缺陷，你無從得知，你只會被卡住。

舉例來說，你知道在研究組織環境時會請大家玩這個老式的九點連線謎題：有三行三個點，而你必須用連續的直線，把九個點連接起來。

我們姑且說九點連線的謎題是要我們看到自己看不到的東西。大家會卡在這個問題上，是因為他們的心智模型困住了他們。心智模型包括預設，而這些預設是像這樣：我必須留在這個框架裡面，也就是這九個點裡面。而這個預設是錯誤的，因為下指令的人從來都沒說要這樣。另一個預設是，我只能在點上面改變線條方向，這也是錯誤的。但大家並不知道自己有做這些預設。所以，如果你要求人們檢視自己的心智模型，他們甚至不知道自己在做這些預設。如果你要求他們列出所有的預設，他們會一頭霧水，因為他們根本不知道這些是預設。人們無法檢視自己的預設。

所以第二個問題是，我們是註定會失敗呢，還是有什麼其他辦法？就我所知，很顯然，我們不會註定失敗，因為我們一直都做得很好。有些人的狀況是，當心智模型不再管用時，會比其他人更早開始尋找原因，試著找出哪裡出了問題所以才失敗。痛苦的失敗會讓人們打開心胸，重新審視自己的心智模型。出現問題的早期跡象對於不是那麼固執的人來說是種機會，因為他們會檢視這些早期跡象或問題，而不是只是說「我要加倍努力」。他們會重新審視：如果不應該在這裡苦苦掙扎，那原因會是什麼？有可能是表現沒有你原本自己想的那麼優秀。如果你是在一個組織中的某個團隊裡工作，則有可能是出現那些表現優秀的人彼此意見不合。與其試圖壓制歧異，讓團隊和諧，你倒不如這麼說：「好吧，我的人都很聰明，各有不同的意見。讓我瞭解是哪裡有歧異，因為這樣可以幫助我重新審視我自己的心智模型跟我們一直在使用的心智模型。」如此一來，你可以找到混淆、分歧和爭議之處。這些地方可以說創造了一種機會，讓你重新審視自己的心智模型。

作　者：我在這裡看到的是，有意見分歧是好的。它是一個早期預警的訊號。但它也像是在對我說，「好吧，我必須坦然接受有不同的意見，並且要設定處理規則，因為，我們正在辯論的是哪個才是正確的答案，而不是誰是對誰錯。」我想大家基本上必須放下自己的心防，敞開心胸參與。

克萊恩：所以說，這裡有很多個點。我不確定自己是否全都能掌握，但我要講其中幾個點。首先，「處理規則」是個很棒的說法。你可以先陳述處理規則，這或許是個起點。但你必須帶頭以身作則，這樣才能讓大家都覺得自在。處理規則可以是這樣開誠布公地說：我們希望各位能說出自己的想法。如果是我負責主持會議，我接著就會說，但這並不代表各位說的我都會照單全收。我保證我會聽大家說，但是當這個會議結束時，我會宣佈我們要採取什麼方向。而我希望每個人都齊心支持，如果有人反對，那太糟了，我需要大家都同步，這樣我們才能同心協力一起努力。可是我也不希望各位壓抑自己不同的意見，因為你們能夠敏感地覺察出來，而我可能沒有辦識出來。所以我不是要求大家接受我的洗腦。我只是想說，為了要一起同心協力，各位必須根據一種意見去進行，而且這種意見是我根據我聽到的內容所做的詮釋。

所以，這是一種建立處理規則的方式，讓大家能夠提出不同的意見，而不是試圖給大家洗腦。可是如果有人都不開口怎麼辦？我認為，如果你是領導者，你只要看看大家臉上的表情，就知道他們有沒有參與，或者，如果有人臉上有什麼明顯的表情，不要視若無睹，你可以在開完會後跟他們談談，問問是什麼讓他們覺得困擾。

我昨天就遇到了這種情況，我們在一個醫學院做簡報，是關於我們想要啟動的一個新的專案，現場有一個人對我們提出的計畫完全不表示意見。其他人說，

「喔，她就是很安靜」。也許她是很安靜的人沒錯，但這對我沒有幫助，因為我沒辦法再回頭去找她。所以我直接轉向她，問她說：「那個，如果要改進這個計畫，妳會提什麼建議給我們？」她猶豫了大概五秒鐘，然後就說，「我很期待這個計劃。」因此，即使是在公開的會議上，也有一些方法，使你可以縮小範圍，讓人不至於不同意，而且比較像是對方失禮。但你的限縮範圍是要用一種建設性的方式讓對方幫助你，這樣你才能真誠地表達出，你想知道對方在想什麼。

作　者：接下來讓我們談談確認偏誤。我讀過你跟你朋友康納曼關於偏誤的對談文章，當中提到你們兩人有不同看法。你對確認偏誤的看法是什麼？是否有可能降低確認偏誤或加以管理？你建議要怎麼做呢？

克萊恩：這是我和康納曼看法不同的地方。我不認為確認偏誤是個大問題。很多這方面的研究都是要大學生去執行不熟悉的任務，這樣就能用某些方式操控這些學生，偏誤的現象便會出現。可是在實驗室外面，我並沒有常常看到這種現象。確認偏誤是指一旦我有了一個信念，我就只會去尋找可以支持這個信念的證據，而且我會主動忽略或壓制那些阻礙我的證據。他們的研究都是在人為操控的環境中進行，但即使是大學生，你也可以給他們實際的任務，而不是只有人為操控的部分。

當人們有一個實際的任務時，偏誤就消失大半。我認為在現實世界中，人們並不會特別去壓抑異於平常的資訊。或許偶爾會這樣。但我認為，一般來說，我們的心智模型會告訴我們什麼是重要的，所以我們搜尋的方式、我們引導自己注意力的方式是基於心智模型的。所以，看起來像確認偏誤的，只不過是我們用我們的心智模型來告訴自己，什麼是相關的跟什麼是不相關的。如果我們的心智模型很弱，或有缺陷，我們就不會以正確的方式看待它。因此，並不是我們在確認一個心智模型出現偏誤，而是我們的心智模型替我們安排好關注的方式。如果我們沒有這個機制，我們就會對於一切事物都給予同等的關注，然後整個世界就會突然間炸裂，變得令人無法理解和困惑。我們將會無法應對。

說到這裡，那麼，有強烈信念但又缺少重要關鍵訊息的人怎麼辦？你知道這就是為什麼我們該擔心「經驗」這件事，經驗有它的缺點。其實，下屬可以不斷提醒主管情況如何，警覺到可能無法如預期的成功，而且開始思考問題出在哪裡。

作　者：嗯，要有這種回饋，他們必須對自己個人的反饋迴路保持警醒和敏感。他們要在自己的行動／行為上有什麼樣的回饋，才有進行評估的能力，或有能夠勝任跟可以信任的隊友、下屬或同事，來幫助他們評估？

克萊恩：對。其實並不需要太費力。你知道，就只是像，「你有沒有注意到這個」，或者只是提出異常的訊息。但這並不總是有用。在我的《看見別人看不到的》書中，有一個關於以色列國防軍的例子，那是發生在一九七三年的贖罪日戰爭前夕，當時以色列情報部門的頭子完全無視下屬回報了埃及人在做什麼、還有那些動作不是訓練演習，而是真的要開戰了。他就是無動於衷。他被自己的信念所束縛。我不確定他是不是完全忽略這些訊息，只看到他在那裡搪塞強辯。而這就是危險的部分：當你越來越得心應手，就容易忽略會造成麻煩的資料。但是，如果你對情況的判斷不正確，這些會出問題的地方只會增加而不會減少，這時你就應該開始擔心，也許是自己錯了。

作　者：根據你過去做過的研究，我想到了偏執狂這個詞，但我是從正面的意義去解釋。例如說，擔心自己忽略了什麼、體認到自己並不是什麼都知道，而且所有事情都會有變化。我聽過傑夫·貝佐斯（Jeff Bezos）在一次採訪中說，好的高階領導人和差的高階領導人之間的區別是，好的高階領導人會不斷回頭審視，並且重新檢測他們以為是對的預設。我要如何對事情有可能產生變化保持敏感度？我要如何覺察出自己的心智模型中忽略了某些事情？我如何把這種理性決策的偏執狂落實到個人和組織上頭？

克萊恩：我不太確定我想的「偏執狂」跟你說的是不是一樣。偏執狂聽起來像一種心理疾病，但我想我們兩人的意思都是指，永遠都不要太自以為是，好像一切都在掌控之中。這種想法，非常珍貴。前國務卿科林．鮑爾（Colin Powell）有一句名言說，如果他對一個決定有百分之七十的把握，他就會做出這個決定。如果他只有百分之四十的把握，他就會去找更多的資料。例如，如果我做了一個研究分析，而我的情緒卻把我引導到別的地方，我雖然不會跟著自己的感覺走，但這對我來說是一種警告訊號，暗示或許我的分析還不夠充足。或許還有其他的因素或選項，我需要考慮。所以我會把我的情緒當做一種訊號，也許我需要拓寬自己的視野，而且要對於相關的因素，抱持著比較開放的態度。

大約三十年前，我的研究公司一直經營得很辛苦，我不知道我們還有沒有未來，這時有另一家公司來找我，想收購我的公司。這似乎是一個完美的解決方案。

他們提了個價錢，我和我的會計師都認為很合理，而且他們會接手一切我在煩惱的事情。一切看起來都很好，我想就跟他們見個面，把事情敲定。一切看起來好像都很順利，我想就成交吧。但是，每次我跟他們開完會回來，我都覺得壓力很大，需要出去跑一跑。我問自己，我到底是怎麼了？然後就在我準備要簽字之前，我還是覺得有點不太對勁，雖然我們口頭上已經談了這麼久，可是我還是感覺有點卡卡的——我講不出口我想要拒絕這個交易。但我其實是覺得，我心裡不太喜歡跟這個即將成為我新老闆的人一起工作。他說的都對，但我不覺得我們適合一起工作。

結果在最後一刻，我退縮了。我感覺很糟，但我不想在自己還有這麼多顧慮的時候困住自己。於是我請問了一些同行、一些在對方公司上班的朋友，他們說，那個人很可怕，是個狠毒的經理人。我問他們為什麼沒告訴我這些？為什麼還讓我繼續在談？那些朋友說，我們待在公司裡，一直被他虐待，我們希望如果你能參與變成我們的團隊，或許可以幫助我們所有人。哼！感謝你們喔。這個例子讓我感到很欣慰，因為我聽從了自己的感覺，因為整個過程等於是一種自我說服：從分析的結果來說，那是我想要的；但我說服自己，坦白說，那會是一場災難。

幾年後，他們關閉了我本來要去工作的那個辦公室，因為那人是個惡毒的老闆。

作　者：很有趣的故事。你知道，你提出的觀點，真的非常重要。我一直聽到的大多都是說要達到平衡，處理緊繃的局面或擺平反覆不定的狀況，很少是完全翻盤，而且你必須敏銳地覺察外部的線索和自己的感覺。你不能讓自己的情緒氾濫，但也不能讓資料牽著鼻子走。這不只是邏輯。沒錯，它是科學，但也是藝術，是試著從裡到外都要參與的藝術。

克萊恩：的確是如此，這是科學也是藝術。科學的部分是資料處理的部分，是分析的部分。藝術部分是指，藝術家有與生俱來的才能。他們發揮自己的才能，所以藝術部分是出自於經驗的部分，是無法用言語傳達的隱性知識，但卻是使人如此優異、如此獨特的部分，會令人注意到。而我們的感覺是會讓人注意到這部分的其中一種方式。

作　者：如果你明天接到一通電話，是財星五百強企業的執行長打來的，他跟你說：「蓋瑞，我讀過你寫的書。我想請你來教我的人如何思考得更好。」你會怎麼回答？

一，你會接受這項工作嗎？二，你會怎麼做？你要如何讓人們思考得更好？我曾遇過一些執行長，他們沒有說得這麼準確，只是跟我說：「我想請你幫助我的員工能夠更有策略性地去思考，或做出更好的決定。」你會如何回應像這樣的請求？

克萊恩：要特別小心，答案恐怕不容易。我會嘗試找出問題在哪裡，所以首先我會做一些提問。我會跟對方說，看起來，你對你公司某些營運的部分不太滿意，請告訴我一些例子，不然的話很容易變成雞同鴨講，我們可能還以為，我們兩方談到思考得更好或做出更好決定等等，是在講同樣的事情，但可能過了很久以後我們才發現，我們實際上是在講不同的事情。因此，用舉例的方式可以讓我們的對話不至於離題。我會請對方告訴我：你在哪些事情上對你員工的思考方式、採用的方式感到失望，不只是他們的決定和結果如何，還要描述他們是如何做決定。然後我才能大概診斷出哪裡出了問題，以及我是否可以提供幫助。

如果出錯的原因是人們在馬虎思考、懶得分析，那麼他們需要更好或更多批判性的思考，這我無法幫忙，我會介紹他們去找可以提供這種培訓的人。如果是因為員工無法策略性地做預測和思考，無法考慮到長期的後果，那麼我認為我們或許還可以討論。這會跟如何幫助人們專注有關，而且有幾件事可以做。第一，建立更豐富的心智模型，這樣他們比較能夠預測出可能會發生什麼事情，或他們需要更關注什麼事情。第二件事，我會著重在，員工是否被我所謂的「向下管理症候群」所困住，看看他們是否害怕發揮創造力，害怕有洞見，而去壓抑了想法，造成整個環境不利於洞見產生；然後，我會尋找方法來消除這種損傷，並創造正確的平衡。

作　者：「洞見」這個詞，讓我想到了你的《看到別人看不到的》這本書。我覺得這本書很吸引人。什麼樣的環境能使人產生洞見？什麼樣的環境會壓制洞見？

克萊恩：這是這本書最令人沮喪的部分，我原本以為這可能是這本書最重要的部分。在寫這本書的過程中，我的結論是，組織先天上就不利於產生洞見。組織比較有利於管理和消除錯誤，有利於消滅、或許也有利於減少不確定性，增加可預測性。如果每件事情都能按規劃進行，那麼我做為一個管理者，工作就真的非常輕鬆。而這些，洞見無法做到。洞見會創造不確定性，因為我們會朝向自己並不瞭解的方向前進。洞見具有破壞性，因此對於管理者來說，洞見會造成混亂。大部分我們提供給人們的管理工具都是向下管理。向下管理是因為你想減少錯誤和不確定性，所以大多數組織、大多數組織的管理方法都強調向下管理。我認為這是一個根本性的問題，也是為什麼組織即使有洞見，也還是很辛苦奮戰。

我在這本書的最後提出了一個關於組織意志力的問題。公司已經投入了這麼多人力物力，依照現在的經營模式在積極運作了，突然要改變是談何容易的事，因此即使你知道需要有所改變，你也會欺騙自己說，「我還有很多時間，而且現在一切都很好，所以如果沒有什麼問題，為什麼要做改變」？卻沒有意識到，變化的步伐已經快到你已經沒有時間了。就像我們看到發生在柯達、大英百科全書和其他類似公司的那樣，事情都是匆匆忙忙略過，直到來不及。

我在寫這本書時，一直想找看看有沒有演練的機會，可以用來試著幫助人們擺脫這種心態，真正擴展自己的眼界，來改變觀點。其中一個我有寫到的演練是「事前調查法」，也就是：想像事情會變得很糟，並試著找出為什麼變糟的原因，這是一種方法，可以將你可能會加以否認或忽視的問題浮現出來。

另一個演練是，我告訴你說，我正看著一個水晶球，看到問題迫在眉睫，而這些是我們沒有注意到的早期警訊。哪些跡象是你現在應該要比較仔細觀察、才能讓這些你可能會搪塞過去的微弱訊號看起來比較像是警訊？

而第三個演練跟繼任者有關，這是我從英特爾還有他們的管理階層那裡學習得來的：「如果現在有人要接替你的位置，你希望繼任者會做哪些你現在沒有在做的事情？」英特爾的領導者在做這個練習時說：「嗯，我們知道現在是該要退出記憶體晶片市場的時候了，因為毛利不夠好。我們有其他更成功的業務，但記憶體晶片業務是我們的核心，代表著我們，有太多都跟這個有關。這太難了，所以這是我們想要去做，但其實是我們的繼任者將來必須去做的。」他們互相看了看，然後說：「等等。這就是我們認為必須要做的事情。我們應該去做。」於是他們改變了工作方向。以上這些練習，或許能幫助管理團隊擺脫固有的思考，像是：一切都運作得很好，我還不到非得改變的時候，那幹嘛現在要改變？但等到你非得要改變的時候，可能為時已晚了。

作　者：很棒的故事。我可以瞭解你為何對於組織在本質上是反對變化這點覺得沮喪。想想看，大部分管理者早上醒來後，最主要的工作就是要減少差異——也就是找到不同之處，然後加以消除。但是，創新的洞見可能就是來自於差異，而且它們本質上就是差異。如果你真的是身處在創新的賽局裡，而且正在測試許多新的點子，你會發現大部分都會失敗，你只能接受。創新的點子不會百分之百完美。我也曾感到挫折，而且我沒有數據資料支持，我只有一個假設，那就是：一個組織的規模與其創新能力之間有一個反比關係。聽起來你也曾為這個同樣的概念苦惱過。

克萊恩：沒錯。公司越大，指揮系統中的環節就越多，只需要其中一個環節，一個規避風險的主管，就可以否決掉一個新的點子。過了一段時間後，就更難有人敢提出新的想法。

作　者：非常有趣。這讓我想起著名的物理學家傑佛瑞・韋斯特（Jeoffrey West）在聖菲研究所（Santa Fe Institute）做的研究。他一直在做城市的分析跟城市如何運作的研究。他假設，當一個企業組織有一百五十名員工時，就會越過一條界線，開始走向毀滅，因為它開始失去創新的能力，無法保持創業精神。這是他的猜想。不過有趣的是，這人是從外部來觀察大型企業組織，發現裡頭有一個交叉點，而在那個交叉點上，就會出現「組織越變越大、獲利卻在遞減」的定律，而且情況比大家想像的還更嚴重。

有一個領域我們還沒有談到，就是你關於正念或專注方面的研究。如你所知，正念現已成為商業環境和全世界的一個熱門話題。很多大學現在都有冥想科學中心，很多企業的執行長也都在暢談冥想如何幫助他們集中心神，幫助他們保持正念，幫助他們能夠處在當下，還有更敏銳地覺察和應對。你在正念領域做了很多研究，你對正念的看法是什麼？

克萊恩：其實我不太喜歡冥想練習、靜心活動或類似的東西。我還沒有看到足夠的資料證明那些是有效的，但我可能是錯的。我只是想看到這方面更多的資料。對我來說，**正念就是擁有一種積極的心態——對新的體驗持開放的態度，對不知道的事情持開放態度，當遇到不尋常的事物或是挑起好奇心的東西時，會積極地想要探究。**我在《看見別人沒有看見的》書中列出了三十個例子，是兩個不同的人拿到同樣的資料，但其中一個人還是做著原本手上的事，沒有真正很認真地思考，沒有用心去想。然而另一個人會說，「嗯，這份資料是什麼意思？」或「我在想這其中有什麼含意？」所以我認為正念是指有積極的心態，參與體驗，而非只是用先入為主的想法看世界。

作　者：這樣是否能克服人類依賴慣性的天生傾向？

克萊恩：它是用好奇心這個傾向來克服倚賴慣性的傾向，也就是想知道事情會是怎樣。而好奇心和慣性，是相反的。

作　者：你認為每個人都有好奇心，還是這個特質是某些人有而其他人沒有？如果你想建立一個具有洞察力的企業組織，而雇用有好奇心的人，那好奇心算不算是這種組織其中的一項特徵？

克萊恩：我認為這個想法不錯，我想是的。

作　者：或者一些好奇心強的人？

克萊恩：至少要有一些好奇心強的人，你雇用他們，傾聽他們，如果他們講一些讓你聽了不爽的事情，不要把他們邊緣化。我認為好奇心有很多面向。我查閱過文獻，也看了一些好奇心的測試。我認為其中有部分是個體的差異。我認為有些人什麼都想知道一些，就是很喜歡猜想。不過我懷疑有些時候，我們都是頭腦一片空白。我們就只是做做樣子，沒有很認真以對，也許我們的心思在其他地方，我們只是機械性地做著自己的工作。而在其他時候，當我們處於高度警覺狀態時，我們就會注意到很小的、微弱的訊號，以比較開放的態度看待，因為其中可能有什麼含意。但我認為兩者都是原因。我認為除了個體的差異，也是因為情況會變化。

作　者：非常有趣。你對「無知」這個主題怎麼看？

克萊恩：我有一個好朋友叫派翠克．藍伯（Patrick Lambe），他一直在努力研究「無知」這個主題，我也很感興趣。在我的新書裡有一章就是專門在講愚蠢，舉例都是我自己愚蠢的例子。回到「無知」，我不認為人們能夠察覺出「自己不知道什麼」。我認為人們會覺得自己漏掉了什麼而感到不安，而我認為這就創造了一種我們在講的「開放性」。擁有這種開放性心態的人，跟一般人相比之下，後者會過於自信和自鳴得意，結果沒注意到微弱的訊號，對早期的跡象也不會有開放的心態，使得他們可能對某種情況的一些重要事實一無所知。

作　者：蓋瑞，我非常開心今天我們可以這樣對談，感謝你跟我的讀者分享。希望下次還有機會碰面。保重，我的朋友。

克萊恩：我也很高興可以跟你談話，謝謝你對我的研究有興趣。我認為你現在正在做的事非常重要，希望能引起應有的關注。

反思問題

1. 在本章中，你讀到了哪些令你驚訝的內容？
2. 你最想反思或採取行動的三個收穫是什麼？
3. 你想改變哪些行為？

Part II

如何建立學習型的組織

在第一部分中，我們討論了學習的科學，並且提出以下問題：人們是如何學習的？哪些環境因素促成或抑制了學習？哪些學習過程會促進學習？

在本書的第二部分中，我們會深入研究三個非常成功的公司，看看他們是如何運用學習的「科學」。這些公司的規模從一千三百人到近四十萬人不等。這三家公司裡有兩家是上市公司，一家是私人公司，它們都非常賺錢，一直穩居市場龍頭地位。他們的商業模式有的是仰賴創新，有的是在運營方面非常突出。當中的兩家公司是提供服務的公司，另一家則製造產品。在其中兩家公司中，創辦人仍然積極參與公司事務；第三家公司則仍舊大力奉行已故創辦人的精神。

這三家公司非常不同，而他們追求的目標都是要比競爭對手學習得更快、更好。第一家公司，橋水基金，正試著透過學習的過程，將學習的文化帶入公司的制度。第二家公司，財捷，正嘗試改變公司的文化和領導人的行為，並透過進行實驗，使學習成為其商業決策模式。第三家公司，UPS，是一個運營得非常傑出的龐大組織。它是如何保持其卓越運營的優勢，為本書最後一章的重點。

第二部分的目的並不是建議各位所屬的企業或組織應該「複製」這些公司，而是要說明，學習的科學可以如何被應用到不同類型的企業或組織中。本書第四、五、六章曾介紹了一些學習型組織（包括戈爾、IDEO、Room & Board和美國陸軍）的故事，但下面幾章將會以更透徹、更詳細的方式來探討這個問題。

在我們繼續進入到第二部分之前，我希望各位能牢記以下問題。身為個人，我可以怎麼做，使自己成為一個更好的學習者？身為團隊成員、經理人或領導者，我可以學習什麼來幫助自己的公司成為一個更好的學習型組織？為了幫助各位理解，讓我們先總結一下到目前為止，關於個人和組織學習，我們所學到的內容。

在第一部分中我們學到，**組織或企業先天的本質就是抗拒改變的**，因為組織背後主導的驅動力，是追求可預測性、可標準化、可靠性和消除差異，而這些行為都會抑制學習。同樣地，**人也會抗拒變化**。我們都有先天的、情感的和認知的傾向，想要一再驗證我們現有的世界觀（心智模型）和自我價值（自我）。這些也抑制了學習。

人類的大腦是一個快速、高效的驗證器，大部分時間都是在自動駕駛（不經思考）的狀態下運轉。但學習需要刻意的、更高層次的思考，會去挑戰並改變個人現有對世界和／或自我的看法。雖然我們都努力做到理性與合乎邏輯，但我們並不是理性的人。在學習所需的認知和交流過程中，情感幾乎擁有全面性的影響力。

本書第一章提到，我們的**目標是要制訂一個「創建學習型組織」的藍圖**。這個藍圖要從領導者開始——無論是公司、業務單位或是團隊的領導者——這人不可以是一個X理論的領導者，而必須是一個以人為本、以尊重的態度對待下屬的Y理論領導者。接下來，則是替組織定義「**這個組織所需要的學習行為**」。有了這些，下一個步驟就是設計出一個「**學習系統**」，將公司文化、結構、領導行為、人力資源政策、評量標準和獎勵機制完美地結合起來，來促成跟促進這些所需的學習行為。

在本書接下來的內容中，我們將看到橋水基金、財捷公司和UPS這三家公司的故事，也會讀到一些例子，看到他們是如何構建這樣一個學習系統。

如果一個組織的學習系統是建立在以下原則的基礎上，那麼就會達到最好的成效：更好的學習源自於內在的動力，而且是可以滿足我們對自主性、有效性、關聯性、歸屬感和個人成長需求的一種方式；當我們感覺自己受到真誠的關心和信任時，才會學習得最好；信任和當責兩者相互搭配，缺一不可，領導者和組織必須贏得「學習者」的信任，同時也要負起責任。所有這一切都會產生一種默契，像是前面提到的戈爾公司，為了讓員工有高成效的表現，戈爾公司會給予員工成長和發展的機會，讓他們發揮最大的潛力。

學習需要人和組織都一起改變。可是在認知上和情感上，改變都是很困難的。一個人很難獨自克服自己的心智模型和自我防衛。因此，**學習是一項團隊活動**。構建一個學習型組織——無論是在戈爾、IDEO，還是在美國軍隊，需要聚焦於一個個小團隊或單位。而透過團隊，一個人對自主性、關聯性和有效性的需求可以得到滿足。信任的連結可以被建立起來，從而提高學習的意願和學習的成效。為了改變，人們必須克服自己的恐懼，不害怕向隊友坦承錯誤、弱點和無知。只有在人們感覺受到關心和有安全感的環境中，才有辦法讓大家自由和坦誠地發言。

下一個要素，則是在組織中必須要有**正確的批判性思考和學習式對話過程**。追求真實的組織文化，可以使我們學到，要對自己的信念抱持保留的態度，並且接受自己的所知有限。我們並不像自己以為的那麼聰明，也沒有自己以為的那麼善於思考和溝通，所以我們才需要「過程」來幫助。根本原因分析、拆解預設、實驗、事前調查法、預想畫面和行動後學習都是基本的學習過程。用心、真誠、謙卑是重要的學習行為，尤其是對管理者和領導者而言。

學習需要三種良好的「後設」自我管理技能：後設認知、後設溝通和後設情緒。我們必須覺察到（留心），何時需要把自己的思考和溝通提升到一個更高的、更專注的、更審慎的程度——領導者可以帶頭示範這樣的行為，鼓勵自己的下屬也這樣做。我們需要覺察到，我們透過自己的情緒、肢體語言和聲音發出的訊息。我們同樣需要幫助其他人管理他們對失敗、受到懲罰和不被喜歡的恐懼，因為這些恐懼會抑制批判性探索、辯論、同心協力合作與學習。允許自由發言，允許失敗，只要有從中學習到就好（或者像戈爾公司那樣有一條觀測的「吃水線」），是本書常常出現的重點。

我們在第一部分所探討的研究中，有另一個重要的結論，那就是教育領域在研究哪些環境能夠促進高度投入學習的結果，跟企業方面關於員工高度投入的研究發現是一致的。這些研究結果可以讓我們得出這樣的結論：就像蓋洛普Q12®所定義的，員工的高度投入，是建立一個偉大的學習型組織的必要條件。

從研究中也可以清楚看出正向的力量。在情感上屬於正向的環境，能夠促進學習，而正向的個人情感能夠促進個人學習。美國陸軍就將正向心理學引入他們對一百多萬士兵的訓練，這項重大措施，再次成為一項領先指標，也就是說，企業如果希望盡最大可能提高員工的調適性、學習能力和回復力，就必須看看美國陸軍做了什麼。高成效表現、高度責任感和正向積極並不會相互排拒。

學習基本上是一個過程，透過這個過程，我們每個人可以對自己的世界創造出有意義的故事，而且是更準確或真實的故事，使我們能夠更有效地採取行動。這個學習過程可以藉由三種心態來強化。首先，我們必須接受自己是一無所知。第二，我們需要抱著保留態度，不要以為自己什麼都知道，還有要根據新的證據，接受，然後做改變。第三，也是最

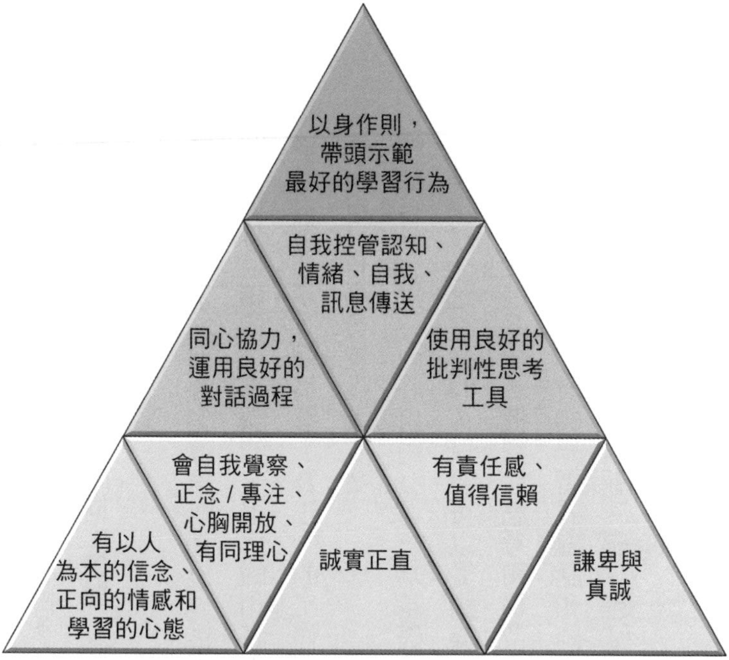

圖 9-1　學習型領導者具備的能力特質

重要的一點，我們必須肯定我們的自我價值，不是以我們所知道的，而是盡自己所能，努力成為最好的學習者。

當各位讀到接下來的故事時，我建議大家想一想，這些領導者在圖9.1所列的能力上表現得有多麼傑出。

我在此另附上高成效學習型組織的檢查表，如次頁，還請大家謹記在心。

現在，我們就從橋水基金來展開我們的學習之旅，這家公司是世界上最大和最成功的避險基金公司之一。

高成效學習型組織檢查表

□執行長是否擁有學習的文化並言出必行？

□組織是否建立了一種文化、架構、領導行為、人力資源政策、評量標準和獎勵機制，來促成與促進學習行為？

□組織的領導者是Y理論領導者嗎？也就是用心的、心胸開放的、易接近的、有同理心的、值得信賴的、真誠的、坦率的和謙卑的領導者嗎？

□組織是否創造了一個情感上為正向的工作環境？

□組織是否具有高員工投入度？

□組織是否具有以「允許自由發言」為基礎的學習文化？

□組織是否有「允許失敗，只要可以從錯誤中學習」的學習文化？

□組織是否有促進系統2批判性思考和學習的過程？

□組織是否建立了高品質的學習式對話和同心協力的過程？

□組織是否有減輕個人自我防衛系統的過程？

□組織是否對自滿和不知道有所偏執？

第九章

橋水基金：建立一個學習的「機器」

橋水基金是世界上最大的避險基金*，從投資報酬的角度來看，是過去四十年來最成功的基金之一[1]。橋水負責替大約三百五十位客戶管理超過一千五百億基金的資產。它的客戶群幾乎平均分佈在國內和國外的機構退休基金、主權財富基金和企業客戶。橋水基金擁有一千三多名員工，總部設在康乃狄克州的韋斯特波特，創辦人是瑞．達利歐，四十年來他一直親自掌管整個公司。

二〇一〇年，瑞．達利歐在橋水基金的網站上公開發表了他的《原則》（Principles）之後，我便開始關注他。《原則》這份檔案長達一百二十三頁，裡面包含了他的信念和歷程，他認為如果遵循這些信念和流程，人生與事業就能獲得成功。在過去的五年裡，瑞．達利歐不斷積極建立起公司架構、資本、領導層繼任計畫，還有將橋水基金的文化、運營模式和學習過程制度化，為了就是要使橋水基金持續成為一個私人的、財務自給自足的、

---

*本書自《原則》一書所摘錄的內容，跟所有由橋水基金所提供的相關資料，皆受著作權保護，本書此處的轉載引文都已獲得橋水基金與瑞．達利歐明文許可。

由員工掌控的組織。出版《原則》一書也是他努力在做的其中一個部分。《原則》分為三個部分。第一部分：「原則的重要性」；第二部分：「我最基本的生活原則」；以及第三部分：「我的管理原則」。《原則》出版上市後，大眾才第一次得以瞥見橋水基金內部是如何運作。由於橋水基金歷來非常保護自己的隱私，而且極為保密，盡量避開外界關注，因此《原則》的出版引起了轟動，從下載量和隨後在二〇一一年許多紐約主要媒體和金融媒體發表的文章即可以看出。

我第一次讀這本書時，真正讓我印象深刻的是其中「管理原則」的這個部分。他在這裡直接、勇敢面對了商業管理中的「人性」，談到了我們天生抗拒理性思考或深入思考的傾向，以及我們「自動」會想要替自己的想法和身份尋求肯定、尋求背書的傾向。這部分給我很大的啟發，後來我在為達頓商學院的成長課程準備教學大綱時，又再次想起這個部分。在那個課程當中，我探討了矽谷的文化和實驗過程，因為在矽谷你必須從失敗中學習，而且矽谷非常重視數據資料，從而推動了行動學習法和對想法進行不斷的測試。我決定增加一堂課，介紹橋水基金和瑞．達利歐的管理原則。我確信，自從一九九一年彼得．聖吉出版其代表作《第五項修煉》以來，「學習的科學」已有重大進展；我也確信，瑞．達利歐在促進系統2思考和減輕自我防衛方面所投入的關注，使得他在「運用學習的科學打造自己的公司」這件事上，無人能及。

二〇一三年四月的課堂上，我請六十五位優秀的 MBA 二年級學生一起來探討瑞的經營方式。我以為學生們會覺得橋水基金很有趣。沒錯，他們確實覺得橋水基金很有趣，但原因與我設想的不一樣。

我們針對瑞的管理原則進行了精彩的、探究性的對話。課程結束時我問同學，有多少人願意在橋水基金或擁有類似原則的地方工作，請舉起手來。本來我以為，以橋水基金的地位，還有歷來達頓商學院畢業的學生都進了金融業，應該會有很多人會舉手。然而，在六十五位學生當中，只有三個人舉手。

我很驚訝。因為我們在課堂上說到，橋水這家公司強調創意，並以學習和自我改進做為企業文化的重心。誰不希望這樣呢？

學生們講的理由絕大多數跟瑞的原則有關，也就是以透明、批判性的方式檢視員工的思考和個人弱點——瑞將此稱為「極度透明」的理念。橋水基金的員工經常會遭受到「深度探討」：在對談中，他們的思考會受到挑戰，他們的工作和個人弱點會受到檢視。橋水基金所有的會議和檢討談話都會有影像或錄音紀錄，這就是「極度透明」的原則。我的學生認為這樣實在沒法忍受，而很多表示反感的學生認為，最重要的關鍵是因為這些影音，橋水基金的每一位員工都可以看得見，並被拿來在內部的《原則》檔案中做為教材，講授「原則」。

學生們壓倒性的負面反應，只是增加了我對橋水的好奇心。橋水基金是如何克服人們對直接、具建設性回饋的猶豫或恐懼？橋水基金的員工又是如何適應公司極度透明的政策？什麼樣類型的人在橋水基金能夠表現傑出？橋水基金是否真的按照瑞的原則行事？最重要的是，橋水基金的模式是否在金融業之外也能套用？在瑞退休後能成功地制度化嗎？

我聯絡了瑞，想進一步瞭解橋水的文化。在電話中他邀請我到橋水的辦公室，花兩天時間觀察公司各個層級的人，並跟他們訪談，來瞭解橋水。

我很快就明白，這不是普通的觀察研究拜訪。瑞希望我不只是觀察，還要在造訪之前充分體驗「新進員工」的學習過程。這意味著我要觀看他們實際開會以及員工對話的影片，而這些影片可以說明橋水基金裡關鍵性的原則。我收到了橋水公司的 iPad，裡面有十幾個小時的影音資料，包括十二支說明各種原則和演練的影片。這些影片全未經過剪輯，非常吸引人。瑞還指派了兩名橋水基金的員工來幫助我學習，並與我一起擬定符合我學習需求的時間表。因此，拜訪行程是雙方共同制定的；橋水公司並沒有強制主導。

我在二〇一三年九月造訪橋水，行程包括有近三個小時與瑞的個人訪談，以及接下來跟著他參加四小時的會議，其中還有兩個小時的主管會議。另外還跟十位不同年資和職責的員工進行訪談。

根據極度透明的原則，橋水基金的每一次會議和談話，包括個人檢討和主管會議，都會被拍攝或記錄下來，存檔在橋水基金的圖書館裡，供所有員工查閱。所以，我在造訪期間的採訪和談話也會被記錄下來並存放在圖書館。有人問我是否可以這樣做，我毫不猶豫就答應了。

我從橋水學到的東西，我會盡量分享在這一章中，希望這樣可以向各位讀者拋出一些問題，而這些問題也是我造訪橋水時最想問的：我是一個好的學習者嗎？我所屬的企業或組織是促進學習，還是抑制學習？

為了達到這個目標，以下我將橋水基金的故事分為三個部分。第一部分主要介紹瑞這個人、橋水基金的商業模式，以及瑞的原則。第二部分則是介紹瑞的「機器」概念，以及我認為橋水文化中促進學習的關鍵部分。第三部分主要討論人的問題，包括員工的聘用、培訓和評量，以及一個人在適應橋水學習環境過程中所經歷的個人轉變歷程。

第一節：瑞．達利歐其人其事

我在一個涼爽的秋天早晨來到橋水基金。橋水基金的總部共有兩座現代化的建築物，位於康乃狄克州韋斯特波特住宅區一條蜿蜒道路的盡頭，周圍綠樹成蔭，旁邊是一條小河。從街道上看不到橋水大樓，車道入口處也沒有任何標誌。這是一個寧靜的環境，讓我不禁想起自己在京都參觀過的日本古代寺廟。

橋水大樓的內部簡單樸素樸，以石材、木材和玻璃為主，而不是像在其他投資銀行和金融總部常見的大理石或厚重的地毯。瑞的辦公室在一條走廊的盡頭，外面沒有等候區，也沒有助理把關。這裡沒有私人餐廳或主管專用洗手間。

上午八點整，有人帶我從接待區到了瑞的辦公室，讓我坐下來，並提供了咖啡、早餐給我。瑞的辦公室跟橋水總部的其他地方一樣，非常素樸，但是很大，大到足以容納一張寬大的辦公桌和三張給訪客坐的椅子。一般執行長辦公室的裝飾品都是與政治家、體育明星和藝人的合影，還有就是超級盃或大師名人賽的簽名體育紀念品，但瑞放的是一系列家庭照片。

我被告知瑞會遲到五分鐘。幾分鐘後，我看到他走了進來。他微微彎著身子，邁著很大的步伐。他沒有隨行人員。他穿著深色的棉質短褲、灰色的橋水長袖馬球衫，外面套著一件深灰色的橋水拉鍊上衣，腳上穿著類似馬汀大夫鞋的休閒鞋。他走進辦公室，伸出手說：「我是瑞。」

「我是埃德，」我說，然後展開了兩天有趣的訪問行程。

瑞一開始先問了我的背景，例如我是哪裡人，我是如何走到今天的。他很認真在聽，很好奇，而且表現得很真誠；感覺不出他只是在做做樣子。當我看著他的眼睛時，很明顯，「他的心有在」。瑞的措辭令我印象深刻，他講話的開頭常常是「我可能不對，但……」。他從不說「我認為……」，而是說：「我相信……」

當我們結束兩個小時的談話時，瑞問道：「你知道你為什麼在這裡嗎？」

「我知道，」我說，「是為了學習。」

「還有，」瑞補充說，「要告訴我，我們做錯了什麼，跟你認為我們還有什麼可以改進的地方。我想要直接、誠實的回饋——別擔心你會得罪我。好嗎？」

「好的！」我回答。

在分享我造訪橋水期間學到的東西之前，我認為應該先讓各位瞭解一下瑞這個人，瞭解他的成長背景和所受的教育，以及他早期出入金融界的發展，便可以瞭解他在避險基金業務方面的獨特做法，也能瞭解他是如何建立世界上最大、最成功的避險基金，成為美國排名第三十一的富豪。根據《富比士》雜誌報導，他在二〇一三年的淨資產已達到一百二十九億美元。

在橋水基金獨特且成功的學習型組織的背後，有這樣一位成功的人：他學會了如何減少自己的弱點，如何把自己的工作做到非常出色，還有明瞭到什麼是自己真正重視的，那就是：「有意義的工作和有意義的關係，這些都是與優秀的人一起努力追求真實和卓越所獲得的。」[2]

瑞的故事

一九四九年，瑞出生於紐約長島一個中產階級的家庭，是個獨生子。他曾形容自己是「一個普通的孩子」。他的父親是爵士樂手，母親是家庭主婦。瑞在校成績普通，不太擅長死背課本內容。他的性格獨立，如果他認為某個事情沒有意義，就不認為需要去學習它。

瑞會去打打零工賺錢。他送過報紙、修過草坪、鏟過雪、在餐廳洗盤子，十二歲時到一家私人鄉村俱樂部去當球童，[3]在那裡他學到的不僅僅是高爾夫球。他主要是幫有錢的商人當球童，聽到這些富商大談怎樣在股市賺錢——還有在二次戰後經濟成長、充滿信心的那十年裡，會有很多錢可以賺。瑞聽了這些打高爾夫的人講的話，認為投資股票可能是一種很容易就賺到錢的方式，於是在十二歲時買了他的第一支股票：東北航空公司。他選擇這支股票是因為它很便宜，可以買更多股——相較之下，他算是很幸運，在投資方面賺了很多錢。

然而，他也很快瞭解到，這些「容易獲得」的錢也可能同樣容易失去。這個經驗促使他學習更多關於如何選股、股市如何運作的知識。他體認到，自己必須從其他資源管道獲得知識。由於他沒有很多錢，他需要找到簡單、便宜的方法來學習，他做到了。他開始訂閱各公司免費公開的年度報告，努力消化。回想起來，這顯然是個開端，讓瑞培養出他觀察世界的基本方式，而其中一種方式就是「機器」的概念——機器內部的運作可以透仔細觀察和研究，來加以確認和理解。換句話說，瑞必須弄清楚，他要如何能夠在購買股票中獲得穩定的利潤。這就是他從年輕時，而且基本上是他一生職涯中，全心投入在做的事情。

高中畢業後，瑞去念了長島大學，同時繼續做投資。他開始對商品交易感興趣，因為它們的門檻不高。對瑞來說，交易是一個令人挫敗的經驗。很多時候，當他確信自己選擇了一個穩贏的，結果卻失敗。他把這個經歷謹記在心，開始小心謹慎，避免太過度自信。

大學期間，瑞受到披頭四樂團印度之行的啟發，還去學了冥想，這至今仍是他生活的一部分。我推測，有些以冥想和正念為基礎的價值觀（我們在第六章中曾討論過）影響和形塑了橋水的企業文化，包括：極度透明、允許自由發言、對真實追求不懈，以及有勇氣透過坦承與公開討論個人弱點、錯誤和失敗，來面對現實。要想在橋水和冥想中表現出色，就需要有勇氣去經歷現實、謙卑、紀律和毅力。一個人需要學會置身在當下，面對現實，不讓自己的情緒「劫持」自己的體驗。

跟高中時期不同的是，瑞在大學成績優異，畢業後順利進入哈佛大學念MBA。開學前的那個暑假，他在紐約證券交易所當職員。就在那年夏天發生了一場全球貨幣危機，激起了瑞對貨幣市場運作的興趣，而貨幣市場和避險貨幣風險後來成為瑞的投資和顧問生涯的關鍵部分。

瑞在哈佛商學院表現傑出，主要是因為那裡的教授採用了案例教學，提供給學生複雜的事實狀況——幾乎就像拼圖一樣，然後要求他們做出決策。這種教法是要學生透過提出自己的想法、與旁人進行批判性辯論等方式，獲得學習，並且進一步學會思想開放、邏輯思考、權衡其他解決方案、評估可能性和提出論點。案例教學法跟填鴨式教法完全相反，瑞在這種教學方式裡挖掘並琢磨出自己的強項：獨立思考以及想要做出好的決定、在股市中獲勝的動力。

瑞剛從哈佛大學畢業，就成為一家小型證券經紀商的商品部主任，不久之後又加入了華爾街的一家大公司，在裡頭擔任負責機構投資避險業務的主管，但他很快就被解雇了。在他的書裡，瑞說自己被解雇的原因是「違抗命令」。但是一篇在《紐約客》[4]及一篇在《aiCIO》[5]上面的文章，暗示他被解雇的原因是毆打上司和雇用脫衣女郎招待加州的一些農場客戶——這是兩個重大錯誤。無論如何，二十六歲的瑞失業了。

他決定創業，為自己工作，而且他能夠說服之前的一些客戶繼續找他做顧問、交易員和風險經理。一九七五年，他在紐約市自己的小公寓裡創辦了自己的事業，最後成立了橋水基金。從那天起，瑞，這個獨立的小伙子和思考者，就成為一個獨立的企業家，靠著自己的能力，經常思考得比競爭對手更深入，以求在一個輸贏透明、每天都有快速回饋迴路的遊戲中獲勝。

在瞭解橋水以及它是如何學習的過程中，我們需要先瞭解瑞，包括他是如何學習的、他重視什麼，以及哪些事情似乎對他的人生影響重大。我們探究的第一步是先看看橋水基金是如何建立的，以及是什麼使 aiCIO 如此大膽地在二〇一一年的一篇文章下了這個標題：「瑞·達利歐是投資界的史蒂夫·賈伯斯嗎？」[6]

瑞的事業

瑞在一九七五年開始創業時，只有幾個客戶，主要是在信貸和貨幣市場上提供資金管理和諮詢服務，包括貨幣風險的避險。他很早就開始寫下自己進行交易的理由，寫下每天交易結果的清單，以及交易成功或失敗的原因。二十多年後，這些筆記本替推動橋水全球投資平台的初始演算法奠立了基礎。

實際上，瑞當時正試著想要瞭解「根本的原因」，他在交易後寫下的回顧，是他早期職業生涯中使用「任務行動後學習」的方式（第七章中我們曾討論過行動行動後學習）。他的筆記和他想從概念上理解市場如何運作的努力，也開始形塑出他對於經濟和自己公司的「機器」理論。另外，從他一開始創業，就只做很多小小的賭注和降低這些賭注的風險。他過去到現在都堅信要把損失的風險降到零。

一個重要的轉折點出現在一九八五年，當時世界銀行給了他一個機會來管理五百萬美元的員工退休基金。開啟了橋水基金在機構資產的業務。當時負責世界銀行退休基金的希爾達．奧喬亞－布里布格（Hilda Ochoa-Brillembourg），在描述她決定交給橋水基金投資時說：「瑞是少數提供宏觀經濟分析服務、將分析轉化為可操作決策的人之一。」[7] 柯達（Kodak）公司緊接在世界銀行之後，也於一九八九年交由橋水投資。

一九九一年，橋水推出了 Pure Alpha 基金。此基金現已被認為是歷史上最成功的避險基金，為投資者創造了比其他任何避險基金更多的報酬。除了Pure Alpha基金外，橋水基金目前還管理其他兩檔基金，而且所有基金的運作都基於橋水基金的基本信念，也就是以大量、互不相關的小賭注進行分散投資。橋水基金的投資目標是產生持續、無相關性的報酬率，而且它至今仍使用已超過四十年建立的投資演算法，在全球一百多個流動性資產類別進行投資。

橋水以這些投資目標，專注於建立以風險分擔而非資本配置為基礎的投資組合。它建議客戶將戰略性投資決策與戰術性投資決策分開。在每年必須向美國證券交易委員會提交的表格中，橋水基金這樣描述其投資理念：

> 橋水基金認為，投資者可以建立一個充分分散風險的β投資組合（資產配置），以平衡環境造成的偏誤，並根據自己的目標報酬率進行調整，然後再建立一個充分分散風險的α投資組合（戰術性投資），以減少系統性的偏誤，並根據自己的目標報酬率進行調整，從而顯著地提高自己投資組合的整體結果。[8]

橋水基金的事業是以科學的方式，奠基於「追求真實」之上。公司有個研究小組，是由具有數學、科學和經濟學等領域背景的專業人士組成，主要在討論市場中的因果關係應該是怎樣運作，然後挖掘歷史資料，試圖證明有極大的可能，他們的邏輯推論在「永恆和普世」方面（也就是從以前到現在、在不同國家中都存在）是正確的。如果有某個特定的原則通過了這些測試，它就會進入投資機器，其結果會被不斷檢視，以確保它的表現符合預期。橋水基金是首批將這種搜索擴展到全球、並且還往前追溯既往歷史的投資顧問公司之一。

瑞深信歷史會重演，他的這個信念推動了這整個過程；也就是說，一個人從歷史中可以學習到什麼會成功跟什麼會失敗，而且可以利用這些資料來測試前瞻性的想法，並在未來遇到類似的情況下做出更好的決定。美國訪談節目主持人查理．羅斯（Charlie Rose）曾經問過瑞，他認為所有投資人都應該讀哪本書，瑞回答說：威爾和阿里爾．杜蘭特（Will and Ariel Durant）的《歷史的教訓》（The Lessons of History），這本書在一九六八年出版，只有一〇二頁。

瑞關注全球，重視歷史資料，這些一直是他很重要的客戶價值主張。奧喬亞－布里布格曾說：「瑞真正的創新之處是在於他一直持續關注宏觀經濟數據，而且是到了一個非常精細的程度。他的公司比其他公司都更深入資料分析的細節。」[9]橋水基金對於研究和資料分析之深入，令人印象深刻，甚至連美國聯準會前主席保羅．沃克（Paul Volcker）也如此認為，他曾描述橋水基金研究的程度詳細到「令人震驚」，並說瑞「擁有比美國聯準會更大的團隊，做出更多的相關統計資料和分析」。[10]

橋水基金另一個與眾不同之處在於，它不遺餘力地讓客戶也加入與投資理念和策略相關的對話中。它會印行這個業界首屈一指的《每日觀察》（Daily Observations），篇幅達三十頁。橋水基金還會發佈每月最新資料、季度業績審查和年度策略報告。它經常打電話給客戶，與客戶會面。這些聯繫都是在討論策略性的投資，而不僅僅是回報結果。橋水基金的客戶服務部有超過一百五十名專業人員，為大約三百五十位客戶提供服務。

是什麼讓橋水基金這麼成功？就是合適的人，在合適的學習環境中，使用合適的學習過程。橋水基金乃是根據這個基本原則和價值觀來打造其企業文化和學習過程。

瑞的原則

瑞十二歲就開始投資，從他投資的方式可以看出，他是一個概念性的思考者，喜歡找到模式、探尋因果關係的規則，並且綜合各項資料。他看著這個世界，想要瞭解世界是怎麼運作的。經濟是如何運作的？世界級的人才招聘是怎樣進行的？人們要如何做出好的決定？我們所有人建立了這個世界的概念模型，然而瑞的模型是基於資料證據的，並經常進行嚴格的檢視。這種不斷的探索就構成了他原則的基礎。

瑞的投資方式是以大量的歷史資料為基礎，而他的原則，如他所說的，是「可以在類似情況下反復應用的概念，而不是對具體特定問題的狹隘答案」。[11] 他的原則是指思考、行動、談話的方式，而且已成為橋水基金的共同目標，或者說是期許能夠做到的流程與行為。

在這些原則之下的基礎是瑞的目標和他的信念。瑞經常說，他的首要目標從來都不是要賺最多的錢。他解釋說：

我一直非常幸運，因為我有機會看到只有一點點錢或沒有錢是什麼樣子，也看過很有錢是什麼樣子。我知道，對我來說，有更多的錢並不會比有足夠的錢支付基本生活開銷更好到哪裡去。因為我認為，生命中最好的事物——有意義的工作、有意義的關係、有趣的體驗、美味的食物、睡眠、音樂、想法、性，以及其他基本需求和樂趣——在超過了某個點時，不會因為有了很多錢而有實質性的提升。[12]

瑞的目標是充分活出人生，而如他所說的，他認為這需要有意義的工作和有意義的關係。

在瑞看來，如果一個人可以透過學習努力成為一個獨立思考的人者，那麼就更有可能達成自己的目標。這反過來會要求一個人誠實面對自己的強項和弱點，並且從接受自己的弱點、尋求和接受回饋、想出減少自己弱點的變通辦法當中，直接處理自己的弱點。

瑞不斷教導自己的員工，要去找聰明的人或更聰明的人，問問他們的意見，來對自己的想法進行壓力測試。在瑞的世界裡，有一個關鍵的概念，那就是：「要知道你自己不知道什麼。」他曾這樣解釋：「我們最大的力量是我們知道自己其實很無知，我們願意接受自己哪裡有問題和去學習。」[13]

他還鼓勵他的員工克服自我障礙，客觀看待自己的弱點，這樣能針對自己的弱點想出如何克服的辦法，並且獲得成功。[14]由於自我障礙也會阻礙人們深入思考意見的分歧之處，所以瑞經常敦促自己和其他人問自己這個問題：這是真的嗎？這合理嗎？[15]他說他最根本的原則是：「真實——或更準確地說，對現實的準確表述——是產生良好結果的重要基礎」。[16]

蘇格拉底曾說過：「我知道一件事，那就是我一無所知。」[17]哥倫比亞大學生物科學系主任、著名的神經科學家斯圖爾特．費爾斯坦（Stuart Firestein），曾在他的著作《無知：它是如何推動科學的》（Ignorance: How It Drives Science）中斷言，偉大的科學家並不會把焦點放在自己知道什麼，而是把焦點放在自己不知道什麼。換句話說，偉大的科學家關注的是研究結果，而這些研究結果通常會顯現出更多的無知，而不是更少的無知。許多科學都是發生在由生物學和物理定律推動的自然世界中。有趣的是，生物學在瑞的概念體系中也扮演重要的角色，特別是在適應力和系統相互依賴這方面。

瞭解瑞的信念有助於我們瞭解橋水基金，本節的最後部分將探討到這點。沒錯，橋水基金不是只有瑞一個人，但瑞的信念是其企業文化和經營方式的基礎。當各位讀完瑞的一些原則，可能發現問自己「我相信嗎？」這個問題，會很有啟發的。問這個問題並不是要看看各位是否同意瑞的觀點，而是為了幫助各位找出自己的核心原則與信念。

信念

以下是瑞的一些重要論述，摘自《原則》、他的文章、談話，以及我的採訪。[18]

- 我也相信沒有什麼是確定的。我相信，我們最期望的結果是極有可能達成的。
- 我相信有疑問比有答案好，因為它能帶來更多的學習。
- 我相信錯誤是好事，因為我相信大多數學習都是從犯錯和反省中而來的。我每天都會失敗，而且是在各個地方。
- 大多數人好像都以為，發現自己的弱點是很糟糕的事，但我認為這是一件好事，因為它是第一步，接著才能想出辦法處理這些弱點，不讓這些弱點阻礙你。

- 我相信，內心的痛苦是使一個人變得更強大的必要條件。
- 我相信，進化的欲望，也就是變得更好的欲望，可能是人類最普遍擁有的動力。
- 區別成功者和不成功者的最重要特質，是學習能力和調適能力。
- 我們生活的品質，取決於我們所做的決定的品質。
- 我相信，如果你能放下自我，不找藉口，以開放的心態、決心和勇氣來實現自己的目標，特別是如果能夠找有些人，你的弱點剛好是他們的強項，然後尋求他們的幫助，就有可能得到你想在人生中得到的東西。
- 我瞭解到，會失敗的大部分原因是沒有接受、沒有成功地處理人生中的現實問題。
- 我瞭解到，真實沒有什麼好懼怕的。
- 我瞭解到，我希望跟我討論事情的人能夠說出他們真正的想法，並傾聽別人的回答，以便發現什麼是真相。
- 我瞭解到，每個人都會犯錯，都有弱點，而最重要的是，要怎麼處理，這就會造成差別。
- 我瞭解到，完全的誠實，特別是對於錯誤和弱點，會有突飛猛進的進步，並朝著我想要達成的目標前進。

- 此外，我不會對自己表現得好壞感到滿意或焦慮，而是對自己變得越來越好的速度感到滿意和焦慮。
- 要以創意擇優的方式來運作，而不是以官僚階級的體系來運作。
- 在追求卓越的過程中，彼此之間要極為坦誠。
- 我希望橋水基金能成為一個大家都能＿＿＿＿的公司

……提出自己最好的獨立見解

……找最聰明的人來挑戰自己的觀點、對自己的想法進行壓力測試以便找出哪裡出錯

……對過度自信保持警惕，瞭解自己有不知道的地方

……與現實搏鬥，體認自己決策造成的結果，並反省自己是怎麼做出這些決定，以便日後能夠改進

- 把錯誤當做是學習的機會。
- 不要擔心是否看起來很厲害，而是要擔心如何實現自己的目標。
- 忘掉「指責」和「讚揚」，而是關注「準確」和「不準確」。

- 想要自己變得更好的動機必須高於想要自己是對的動機。

在橋水基金這個部分的故事結尾，我們在以下列出了瑞・達利歐的五個基本個人選擇或決定，他認為每個員工都必須做出這些選擇，才能在橋水成長茁壯。瑞的原則迫使每個員工有意或無意間都會做出這五個關鍵性的抉擇，而這些抉擇將會決定他或她是否能在橋水基金成功發展，並融入橋水基金的文化中。

瑞的5大「關鍵選擇」

第一 不良：讓痛苦阻礙進步。

優良：瞭解如何管理痛苦，才能進步。

第二 不良：避免面對「殘酷的現實」。

優良：面對「嚴酷的現實」。

第三 不良：擔心自己有沒有看起來很優秀。

優良：擔心自己能否實現目標。

第四 不良：在第一階段的結果上做決定。

優良：在第一階段、第二階段和第三階段的結果上做決定。

第五 不良：不為自己負責。

優良：讓自己負起責任。[19]

小結

我希望各位在讀完本章第一節時，能夠瞭解瑞和橋水基金背後的基本原則和信念。接下來，讓我們來看看瑞·達利歐是如何在橋水基金內部操作這些原則。現在正是思考這個問題的好時機，因為正如我之前提到的，在過去的五年裡，瑞一直致力於將他的原則和信念制度化，盡可能讓橋水基金在他有生之年維持是一個由員工持股的私人企業。瑞已經卸下了執行長的職務，現在的頭銜是「指導者」。他還成立了一個管理委員會，負責管理公司日常業務。儘管瑞仍然非常積極參與公司事務，但也意識到總有一天他無法再參與，而且橋水基金和人生中的其他事物一樣，會不斷變化發展。這是瑞對於這個世界是怎麼運作的信念之一。

第二節：橋水基金的機器和企業文化

在本章的第一節中，我們把重點放在介紹橋水基金的背景，以及瑞．達利歐的信念、目標和流程，這些都是這家公司輝煌成功的基礎。瑞的信念裡包括了他的構想，他認為系統和企業，就像人的身體和其周遭的環境，可以想成是機器一樣。在這一節裡，我們會進一步探討這個概念，並且研究它是如何形塑出這家公司的商業模式、學習流程和企業文化的。

機器

瑞將橋水基金視為一台機器，也就是說，如果這台機器設計得當，將合適的人才納入合適的文化當中，並使用合適的流程，就有可能推動組織朝向其目標發展。「我相信，」瑞說，「要成就一家偉大的公司，你必須讓兩樣東西變得很了不起，那就是：文化和人。如果這兩樣東西都很棒，你的組織就能克服各種波折，讓你達成你想要的目標。」[20]

在橋水基金，管理委員會負責管理「機器」。委員會的工作是將機器的結果和組織的目標加以比較，來確認機器運行狀況如何。如果績效表現不夠理想，就會進行診斷，想辦法找出問題，加以解決，以提高正面的結果。這就是瑞所說的「回饋迴路」。[21]一個組織進步和學習的速度和品質，在很大程度上取決於它如何有效和快速地處理回饋迴路。回饋迴路是學習的機會。瑞認為回饋迴路是學習機會的這個概念，可以追溯到他早期投資的時候，當時他把每一筆股票投資和他投資的原因都記錄了下來。接著，他會在賣出且獲利或虧損時對該項投資進行評估，然後他會檢視結果（這也就是回饋），試著去瞭解哪些是有效的，哪些是無效的。對於那些失敗的投資，他會汲取教訓，並且應用到未來。他會根據從市場回饋中所學習到的經驗，改變自己之後採取的策略。

這種回饋迴路的機制是仰賴於瑞認為是他最重要的原則：「真實——更確切地說，就是對現實的準確理解——是產生良好結果的重要基礎」。[22] 瑞認為，糟糕的組織和偉大的組織之間的區別主要在於這些回饋迴路的頻率、品質和管理。而這項特質則直接仰賴殘酷地面對真相、挖掘真相——也就是根本原因——並且挺身面對可能妨礙思考過程的自我防衛或情緒。要真正診斷出根本原因，需要負責任的一方能夠認同，並且針對如何改善做出高品質的決定。

我參加過或調閱過的每一個問題診斷會議，都是遵循以下這五個步驟的流程：

1. 有人會問誰要負責召開這次會議，不然就是要負責的人宣佈自己是會議召開人。橋水基金並不推崇「我們」或「他們」。一切都要論及到個人——無論是會議、任務、問題，還是結果——因為個人當責是至關重要的，所以要有明確的負責人。

2. 每個人都知道即將要召開的會議是哪種類型的會議。是辯論嗎？是討論嗎？還是教學？參加辯論會議的人大致上都有相當的經驗。討論會議比較開放，與會者包括不同資歷的人。教學則是涵蓋不同程度的人。

3. 常有人會問以下這類的問題：「你瞭解我說的嗎？你同意這是真的嗎？如果不同意，為什麼？」橋水基金很看重員工的邏輯推理，也就是批判性思考，與看重答案不相上下。提出「這樣思考是否符合邏輯？」這個問題的目的，是為了對發言者的思考進行壓力測試。問這些問題是瑞「持續保持同步」原則的一部分；本章的第三節將會進一步討論這個原則。[23] 請注意，這些問題並不在乎一個人是對是錯，而是要鼓勵員工獨立思考，得出自己的結論。公司的目標是奠基於當前現實的真實。

4. 如果談話的結果是「列出待辦事項」，那麼這個小組就會指定一個負責人，然後與小組成員達成共識，具體列出在什麼時間範圍內要做什麼。各位是否曾經在開完公司會議後，還是不知道會議裡決定了什麼，或者不知道接下來該怎麼做？橋水基金非常努力要減少這樣的結果。

5. 在每次會議結束時，與會者都會對會議進行評估，並將會議中大家的表現寫成「花架評論」，輸入資料庫。這些資料會匯入一個龐大的資料系統，裡頭的演算法會找尋可以幫助員工瞭解自己強項和弱點的模式。這些個人評論最後會被彙整，並與其他員工的資料一起放進一個即時記分卡，也就是所謂的「棒球卡」，在本章第三節會進一步詳細討論。

以上五步驟的流程讓我想起了飛機的飛行檢查表。即使飛行員已經飛行過數千次，每次進入駕駛艙時，還是要完成一份檢查表。各位可以把這五個步驟看做是橋水基金的飛行檢查表。這個流程就是橋水基金構建其學習式對話的方式。

在這樣的會議上就某個議題進行診斷時，橋水基金會試著先瞭解「實際情況」（現實）與「期望結果」之間的差距，到底是設計規劃的問題，還是人員的問題。設計規劃的問題可能是結構的問題，也可能是流程的問題。例如，若是結構上的問題，那可能是由不合適的小組來處理這個議題，或者小組裡的成員並不合適來處理這個議題。若是流程的問題，則可能是為完成任務制定了錯誤的計畫，或者在做決定時使用了錯誤的資料。人員的問題可能會是：（1）任務需求和人員能力不吻合——也就是不合適；（2）由於缺乏經驗或培訓而導致表現不佳；或（3）橋水基金的價值觀和個人價值觀不一致。前兩項人員的問題有可能獲得解決；最後一個問題通常需要員工離開公司。

為了確定真正的問題出在哪裡，一小組人必須進行高品質、同心協力和坦白誠實的對話。在橋水基金，我親眼目睹或調閱一些診斷性的對話，裡頭總是包含瑞或其他領導人的指示，要對方「把思考提升到更高的層次」、「超越自己和問題，客觀地看待機器和自己」。超越自己會有助於減少自我防衛和情緒劫持。

一般來說，若是追究負面結果的真正原因，就代表會把焦點放在責任方的規劃或執行上。在這種情況下，大家自然會傾向要減少不舒服的感覺，想提出快速解決方案來結束「痛苦」的部分。橋水基金明白，快速的解決方案可能會導致錯誤的決定，因此瑞有了另一項基本原則：痛苦＋反思＝進步。[24]

這個診斷的流程是為了要找出問題的根本原因。接下來要問的是，這個問題是一次性的，還是背後有更大的問題，或是某種行為模式的一部分。就像任何科學研究一樣，橋水不會輕易根據發生率太低的資料來做決定。樣本量是很重要的。假如，找到的根本原因是個大問題，我們是否有足夠的資料參考，好做出重大的決定？瑞是用多重檢核法的概念來獲取資料，也就是從多重來源來獲取多種資料，以確認箇中的模式。

橋水也不會輕易讓一兩個人做決定，特別是如果其中一人是要為表現結果負責的一方。橋水認為以三到五個人組成小組，能做出更好的診斷，因為沒有直接相關的人比較可以不帶情緒、沒有自我防衛地參與這個流程。我們在這裡再次看到小團隊在學習過程中發揮的力量。

橋水認為，每個參與診斷的人，只要有深思熟慮的意見，都應該在談話出提出；然而，並非所有的意見或想法都是被平等看待的。有些人比其他人更值得相信。一個人的可信度取決於其經驗和過去的表現。橋水基金的每個人，包括瑞，都有個不斷變化的「可信度指數」等級——這個數字是以一個人的經驗、表現評量，以及來自同儕和管理者日常的回饋評級來決定。「可信度指數」較高的人在診斷過程中表達的意見，會對最後所做的決定具有較大的權重影響。

在橋水基金，每天都有上百個回饋迴路的對話發生。這些對話大部分是發生在橋水基金的十七個職能事業群之中：會計管理—客戶服務—法令遵循（合規）—核心管理—核心技術—公司顧問—交易對方和客戶關係—融資—財務—人力資源—IT—行銷—運營—招聘—研究—安全—交易。

如前所述，這個流程的其中一個目標是培養更多能夠理性、獨立思考的人，這樣才能根據正確資料做出正確決定。根本原因的診斷是這整個流程中的一個關鍵步驟。同樣地，我們已經看到瑞是如何利用團隊和可信度指數來進一步實踐這個目標。剩下的則是要看瑞的基本決策原則。瑞的原則之一是：「依照期望值的估算，以合乎邏輯的方式做出所有的決定」；另一個原則是：「要考慮到可能會有什麼後果與回報，確保不可接受（即毀滅的風險）的可能性為零」。[25]

瑞是一個超級現實主義者，不會冒太大風險。他的決策方式是把所有的決定都變成是小決定，這樣做出的決定就不會有什麼太大風險。他相信要做許多（十五個或更多）小小的、互不相關的賭注。他還相信80／20法則。他說過：「百分之八十的果汁是可以用百分之二十擠出的新鮮果汁做成，所以在做出決定時，需要考慮的重要事項相對來說也不多（通常少於五項）。」[26]他還說過：「要根據獲取額外資訊的邊際收益與延遲決策的邊際成本，思考做出決策的適當時機。」[27]此外，他說：「在你做其他事情之前，要確保所有『必須做的事情』都有達到標準之上。」他還說：「記住，最好的選擇是利大於弊的選擇，而不是沒有任何弊害的選擇。」[28]

這些原則要處理的現實問題是，在大多數情況下，人們並沒有掌握所有已經現存的資料。它們要解決的是要不要進行和如何進行的問題。瑞用小賭注將風險降到最低的方法與「學習啟動」的基礎是一樣的（本書已在第七章討論過「學習啟動」這項實驗性的學習過程）。

瑞接受「我們不知道的多於我們所知道的」這個現實。因此，在做出任何可能影響許多人的重要個人或商業決策之前，大家應該常常問自己以下四個問題：

1. 我真正知道什麼？
2. 我不知道什麼？
3. 我真正需要知道、卻不知道的是什麼？
4. 我要怎樣學到這些？

橋水基金的企業文化

橋水基金的企業文化反映了瑞的原則和他的信念與價值觀，這點並不讓人訝異。當一個企業家能夠隨著其公司發展而在個人方面也有所成長，而且還能夠在數十年內保持這樣的驅動力時，通常就會出現這種狀況。IDEO、戈爾、Room & Board、西南航空、財捷和UPS都曾經或已經是這種情況。橋水基金的文化每天都體現在他們各種的會議之中，在這些會議裡，人們的第一個動作就是打開錄音機。從橋水基金大樓的裝潢風格、員工在平時和正式場合都穿著休閒便服、管理階層普通大小的辦公室，以及同事之間的深厚友誼，也都可以看出他們的文化。

我喜歡跟學生說，我有很多「個人軌跡的里程數」。在我的職業生涯中，我非常幸運可以體驗到很多公司的工作環境和領導風格。以下是我在橋水基金經歷到過、讓我印象深刻的一些特點。

真實／誠實 橋水基金的人不論誰都可以自己志願來告訴我（我相對來說算是個陌生人）他們有什麼的弱點。在橋水，每個人，包括瑞，都有一個眾所周知的頭號弱點，這被稱為「負擔」，而討論這個負擔是很正常的。大家似乎因為都瞭解彼此的弱點，所以沒什麼覺得好丟臉的。他們瞭解，橋水的文化是建立在對自己和他人誠實的基礎上。有些人甚至在知道我們的談話會被錄音的情況下，坦率地告訴我，他們計畫在一年內離開橋水。這讓人耳目一新，但對我來說，也是很不一樣的訪談經驗。

有三位資深的人坦白告訴我，目前的工作對他們來說太容易，自己準備好在橋水基金接受新的職務，但他們不知道是否有這樣的職缺，也不知道自己是否適合。如有必要的話，他們說他們會換其他工作看看。不過，沒有人看起來或聽起來很焦慮。他們的態度是，無論怎樣，自己都沒問題的。在我看來，「我沒問題」要比「我的薪水沒問題」來得更有前途；

這意味著他們有信心進入未知領域。一切都不需要先規劃好；一切自然會發展。正如其中一個人所說的，「未知不會讓我害怕」。這就是自我效能感。

我在橋水觀察大家的對話發現，即使是很難啟齒的困難對話，他們也都是顯得很平靜，沒有人會大聲說話。在某些談話中，或許可以從人們的臉上或肢體語言中看到壓力，或從他們的聲音中聽到有壓力，但他們仍然很溫和有禮，非常專注。我還記得一個令人印象深刻的例子：有人在被檢討之後，說他必須暫時離開這場會議，因為他需要到外面消化一下剛剛在講的事情。但即使在這種情況下，他也沒有發脾氣。後來，這個人又回來了，會議繼續進行。會議真的就繼續進行，大家都同意討論有了進展。

談話時是否會意見分歧？會。公司鼓勵大家各有不同的意見，因為就是在這個過程中，分歧的意見會帶來彼此的論爭，過程中對自己的想法和信念進行檢驗和壓力測試，如此才能夠找出真相，或變得更進步。一位資深主管告訴我：「我不喜歡衝突。但我會去處理衝突，因為衝突可以帶來理性方面的益處。」對「真實」的探索並不是為了讓人變好、被人喜歡、或不犯錯。我來這裡之前看到在一段影片中，聯席首席投資長葛瑞格．詹森（Greg Jensen）說：「人們會一直被拉著遠離真實。要能夠精於尋求真實，個人和組織之間免不了一直都會有衝突。我們希望我們能比其他公司思考得更好。」[29]

有意義的關係　在一個極度透明的環境中，尋求真實和坦然面對個人的弱點會有助於建立個人關係。我在橋水基金遇到的每一個年資超過兩年的人都指出，在橋水基金，大家都因為共同經歷過的事情而培養出深厚的感情和友誼。一位資深員工告訴我，這些親密的人際關係甚至比橋水基金優渥的福利和薪資報酬更重要。這位員工就跟我在橋水遇到的所有人一樣，在講這些話時並沒有流露出什麼情緒，但當他說到同事間就像家人一樣時，我想起了瑞的個人目標是「有意義的工作和有意義的關係」。我感受到了他話語背後的情感，於是說：「聽起來你很喜歡你在這裡的好朋友。」他回答說：「是的，我真的很愛他們。」

團隊　橋水的團隊文化不接受傲慢，也不接受「明星」般的自我形象或性格。這讓我想起了美國海軍陸戰隊以及我在海軍陸戰隊大學領導力學院（Leadership Faculty）所做的研究。美國海軍陸戰隊是一個以價值觀為基礎的組織，擁有卓越的文化，以團隊為核心，並允許自由發言。海軍陸戰隊的領導模式是一種「僕人式領導」。有一位海軍陸戰隊的將軍曾經告訴我，海軍陸戰隊要做的是「把很多普通人加以改造，編成團隊，在最困難的情況下表現出最高水準。」[30]也許橋水基金所做的是把非常聰明的人改造為業界最好的思考者。

橋水基金在我去拜訪前曾傳給我一段影片，這段影片進一步證實了海軍陸戰隊將軍的比擬說法。這是海豹突擊隊指揮官對橋水基金員工的演講影片，內容是講海豹突擊隊如何招募與訓練人員。這位指揮官描述了新的海豹突擊隊隊員在學習管理恐懼和防止情緒劫持思考的過程中所發生的轉變。很明顯，這些過程與橋水的過程非常一致。

我在橋水基金訪問過一位經驗豐富的新進員工，這人最近加入了培訓團隊，負責橋水基金的新進員工訓練營。各位猜猜看他在進入橋水之前是在哪裡工作？沒錯，他是一名剛剛退役的海豹突擊隊指揮官。我問他，為什麼一個海豹突擊隊的人會來橋水基金工作？是因為轉職很困難嗎？

他的回答發人深省。他告訴我，他有幾個很好的工作機會，但他選擇了橋水基金，因為該公司的文化和海豹突擊隊的文化「重疊」。他說，這兩個組織都注重學習、調適性、招募高素質人才，並教導員工更會思考，堅持不斷努力改進。橋水和海豹突擊隊都在「可能性高低」和「狀況分析」的基礎上，尋找要採取的行動策略，同時熱衷於降低風險。海豹突擊隊也和橋水一樣，都有一種誠實到可說是殘酷的文化，這種極度透明使他們能夠經常進行艱難的對話，並且正視自己的錯誤。海豹突擊隊將錯誤視為學習的機會，而且努力不會再犯同樣的錯誤。海豹突擊隊在執行任務時也要努力管理情緒（恐懼）。

當然，橋水基金並不是海豹突擊隊，「做出最好的投資決策」和「海豹突擊隊的任務內容」兩者也無法相提並論；然而，很顯然，這兩個高成效但非常不同的組織之間，彼此的文化存在著共同點。它們有相同的學習心態、學習能力和流程，其中有些是很適合應用於商業和非商業的高速變化環境。這個事實是很有說服力的，證明了在高速變化的環境中，人類的學習基本要素是相似的。企業的領導者可以向教育和軍事的學習型領導者學習，反之亦然。

允許自由發言 橋水基金「極度透明」的文化賦予所有員工直言不諱的權力——不只是權力，是要求每個人必須這麼做。但有個配套規定：永遠不要在某個人背後議論。在我來拜訪前收到的其中一支影片中，我清楚地看到了這一點。在某次會議上，出乎意外地大家開始評論起某人的表現來。很快就有人說：「除非他本人在這裡，不然我們不能這樣談論他。」於是他們把這個人找來，請他參加會議。在《原則》中，瑞說，除了不誠實之外，在橋水基金最要不得的事就是在別人背後議論。[31]

橋水的另一條規則是，每個人都可以提出問題，把事情搞懂，有批評的意見（是有經過深思熟慮的批評）就必須講出來。[32]

有條件地允許犯錯 在職場上，尤其是在以規模和效率（達成卓越營運績效）為主導模式的大公司，主管每天早上起來要做的事情就是弭平差異。這些「機器」的目標是百分之九十九無缺陷的產出。你曾在哪個地方工作時，老闆會說犯錯是學習的機會嗎？我相信這是每一個想要學習得更好、或學習得更快的組織所面臨的最大問題。很多人會發現，社會的主流文化是教大家把犯錯看得很嚴重，要儘量避免。這會導致一種心態：一個人如果要成功，最好的策略就是不惜一切代價避免犯錯，並且盡可能不要冒風險。

特別是在與「知識」相關的產業中，所有公司都想聘用學校考試成績最好的員工。那些成績優秀的學生，在人生歷程上難免犯錯，可是他們卻將自我價值建立在「不要犯錯」這個基礎上。橋水也願意招聘這類人，不過我們可以想一想，這種「不想犯錯」的好學生進入橋水這個極度透明、高度當責的文化中，會面臨到怎樣的挑戰——這裡的文化特別看重錯誤和個人弱點，將其視為改進的機會。突然間，遊戲規則發生了變化。如果一個人要待在橋水，他就勢必會瞭解到，自己並不像自己以為的那麼好或那麼聰明。這些新進員工必須學會如何以橋水的方式成長茁壯，成為橋水機器的一部分。

這是一個巨大的挑戰，而且不是每個人都能做到。從犯錯中學習並無法很快有成效。管理者需要付出努力和時間，與員工一起經歷學習過程。人不是機器；人有情緒、感受和過往。這也是一個很大的挑戰，因為學習不是一個很有效率的過程，它需要時間和大量的對話與思考。

橋水的標準很高，而且一直維持很高。許多員工在他們職涯中的不同階段離開。一位從其他公司跳槽到橋水的資深員工說，在這裡工作是「永恆的試煉」，他被評量的標準不是「財務損益」這種財務方面的指標，而是他的思考——他的「想法損益」。

有條件地犯錯誤這一點對於橋水基金的學習機器和企業文化是至關緊要，瑞甚至在《原則》中管理原則的部分用了九條原則來解釋，有條件地允許犯錯是什麼概念。以下我盡量完整收錄這九條原則，因為它們對橋水基金的營運和學習模式十分重要。各位會注意到，這些原則很明顯在講的就是我們第二、三、四章中討論的概念，特別是精通 vs 表現、趨近 vs 迴避心態的差別，還有對失敗的恐懼，以及一個人的自我會如何阻礙學習。

為什麼說是「有條件的」允許犯錯呢，因為瑞認為，只有在我們可以辨認出錯誤，並且加以分析與學習時，犯錯才可以被接受。橋水的目標是學習得更好，無論是個人還是企業。在我為企業提供諮詢的過程中，我發現這個問題對於領導者和管理者來說是相當難以接受的，因為他們認為這樣大家就會沒那麼願意負責任。但橋水基金、戈爾公司、UPS 公司、IDEO 公司和財捷公司證明了，沒責任感並不是必然的。

瑞關於犯錯的管理原則

以下的摘文是節錄自《原則》一書（經我略微增潤）。我發現閱讀這些摘文並獲得啟發的最簡單方法是：假裝瑞是直接對著自己說話：[33]

（在橋水，我們創造了）一種文化，在這種文化中，犯錯是可以的，但若是沒有辨識出錯誤、沒有加以分析和從錯誤中學習，則是不能接受的。（我們必須瞭解），有成效、創新的思考者都會犯錯，*並且會從錯誤中學習，因為在創新過程中自然而然就是如此。每一個錯誤，假如你從中有學習到一些東西，都會讓你在將來避免犯下數以千計類似的錯誤，所以如果你把錯誤當做是可以快速改進的學習機會，你應該會因為犯錯而感到興奮。但如果你把犯錯當做是很糟糕的事，你會讓自己和別人都很痛苦，而且你也無法成長。你的職場環境會因此充斥著各種低級的背後中傷和惡意諷刺，無法健康、誠實地尋求真實，從而改變和改進。所

---

*愛迪生論失敗：「我沒有失敗。我只是找到了一萬種沒成功的方法。」「我並不氣餒，因為每次放棄錯誤的嘗試之後，等於又往前進了一步。」「結果！哇，天啊，我得到了很多的結果。我知道有幾千種東西是沒用的。」「當我很確定某個結果是值得去追求的時候，我就會放手去做，一次又一次的嘗試，直到獲得結果為止。」「人生中有許多失敗者都是在放棄時沒有體認到自己離成功有多近的人。」

以，你犯的錯誤越多、越能好好誠實地辨識出來，你就進步得越快。這不是廢話，也不是空話。這是學習的真諦。*

不要為自己或他人的錯誤感到難過。反而要愛這些錯誤！記住：（1）它們是在預料之中的；（2）它們是學習過程中第一個出現、最重要的部分；（3）為它們感到難過只會阻礙你變得更好。人通常對於犯錯會感到難過，是因為太過於短視，以為犯錯就代表自己很糟，或者是因為擔心受到懲罰（或因此無法得到獎勵）。大家也傾向對於那些犯錯的人生氣，那是因為目光太過短淺，只著眼於糟糕的結果，而沒有看到那是教育、是改進過程的一部份。這才是真正的悲劇。

我曾經找過一個滑雪教練，他以前指導過史上最偉大的籃球員麥可．喬丹如何滑雪。這個教練說，喬丹很開心自己能夠犯錯，並且會從錯誤中得到最大的收穫。剛上高中時，喬丹是一個不引人注目的籃球員；他之所以能夠拿到冠軍，是因為他喜歡利用自己的錯誤來改進。然而，儘管有喬丹的例子和無數其他成功人士的例子，大家普遍來說還是會阻礙自我學習。也許這是因為學校過度強調要有正確答案才

*關於這一點，我推薦一本好書：《愛因斯坦的錯誤：天才的人性缺陷》（Einstein's Mistakes: The Human Failing of Genius），漢斯．C．奧哈尼安（Hans C. Ohanian）著。

行，寫錯答案就要受到懲罰。學校成績好的人往往很難從錯誤中學習，因為他們會為自己犯錯而苦惱。我特別在那些剛從頂尖大學畢業的學生中，看到了這個問題，他們總是羞於探索自己的弱點。請記住，那些願意敞開心胸認識到自己弱點並從中學習的聰明人，其表現會大大超過具有同樣能力但不願開放心胸的人。

犯錯還有另一個用處。一個人應該：

觀察犯錯的模式，看看是不是因為自己弱點所導致。（我把此）稱為別讓自尊心妨礙我們看清全局。如果真有一個犯錯的模式，那這個模式可能顯示我們有一個弱點存在。每個人都有弱點。通往成功的最快途徑是知道這些弱點在哪，以及如何處理這些弱點，使它們不會阻礙你。弱點是由於學習不足或能力不足。學習不足可以隨著時間得到改進，儘管通常不會很快，但能力不足幾乎不可能改變。如果你接受自己有弱點，認為是可以改善的問題，那麼上述兩者都不會妨礙你實現自己的目標。

不要為自己或他人的弱點感到難過。它們是改進自我的機會。如果你能解開造成這些弱點的原因，就會得到一個珍貴無比的東西——也就是以後不會再有這些弱點。每個人都有弱點，而且可以從瞭解這些弱點中受益。不要把探究弱點視為攻擊。一個能夠接受批評的人——特別是如果這人能夠試著客觀地思考這個批評是不是真的——是值得敬佩的人。

（同理），不要煩惱自己是否看起來很優秀——反而要擔心該怎樣實現自己的目標。把不安的感覺拋開，朝著實現目標繼續前進就對了。要測試你是否過於擔心自己表現得好不好，請觀察你在發現自己犯錯或不知道某件事時，感受如何。如果你發現自己感覺很糟，請停下來考思——提醒自己，最有價值的意見是準確的評論。想像一下，如果你覺得滑雪教練說你摔倒是因為你沒有正確地轉移重心，他是在斥責你，那你的想法未免太傻了，而且也沒有幫助。如果一個批評是準確的，那就是一件好事。你應該要心存感謝，並從中學習。

拋開「指責」和「讚賞」，謹記著「準確」和「不準確」。當人們聽到「你做錯XX」時，本能的反應就是去想可能會有什麼的後果或懲罰，而不是試圖瞭解如何改進。請記住，已經發生的事情，都已經成為過去式了，不再重要，但它可以成為一種學習的方法，幫助我們以後可以變得更好。要創造出一個環境，讓人們明白，像是「你做得真糟」這樣的話是為了幫助（對你的未來），而不是懲罰（這是針對過去的行為）。雖然大家都不喜歡被責備，喜歡被讚賞，但這種心態會使一切都倒退，而且會造成很大的問題。擔心有沒有受到「指責」或「讚賞」，有沒有收到「正面」與「負面」的回饋。這樣會阻礙學習所必需的反覆過程。（這一點非常重要：）要弄清楚是誰犯錯。找出是誰犯了錯，對學習至關重要。這也是在考驗一個人是否能把改進放在自我之前，以及他是否能夠融入橋水基金的文化。一個常見的錯誤是像這樣說：「我們沒有處理好這件事，」而不是像這樣說：「哈利沒有處理好這件事。」當人們因為出於體貼，而不願意指出某個錯誤是誰犯下時，就會出現這種情況。這會讓組織變得失能，成為一個掩蓋真相的組織。由於個人是任何組織中最重要的組成部分，而且由於個人要負責怎樣把事情完成，因此診斷時就必須指名道姓將錯誤與犯錯者公布出來。某個人做出的程序有問題，或者某人決定我們應該按照這有問題的程序做事，且輕忽了事實真相，就會拖延我們成功處理問題的進展。

寫下自己和他人的弱點，可以幫助你記住並承認這些弱點。把弱點隱藏起來是不健康的，因為如果你隱藏起來，就會減緩你成功處理弱點的進展。

當你覺得痛苦時，記住要反思。你可以把因為看到自己的錯誤和弱點所感受到的「痛苦」轉化為喜悅。如果我要你只記住一句忠告就好的話，那就是這一句。讓自己冷靜下來，想想是什麼讓你感覺很痛苦。向其他公正客觀、可以信賴的人尋求幫助，把它弄清楚。找出真相是什麼。不要讓自尊心變成障礙擋在你前面。記住，看到錯誤和弱點而產生的痛苦是「成長的痛苦」，要從中學習。*不要急於擺脫這些痛苦，要忍住，並且加以探究，因為這將會幫助你奠定改善的基礎。人們普遍認為，（1）改變自己根深蒂固的不良行為是非常困難的，但這也是改進所必需的；（2）要做到這一點，通常需要深刻認識自己的不良行為和它所造成的痛苦之間的關聯。心理學家將此稱為「觸底」。擁抱自己的失敗是邁向真正改進的第一步；這也是為什麼在許多社會中，要先有「懺悔」，才能寬恕。*如果你能夠持續這麼做，那麼你將學會怎麼改善自己，而且覺得樂在其中。

---

*如果你瞭解到短期失敗是邁向長期成功的一步，如果你從中獲得學習，就不會害怕失敗或因為失敗而感到難過，而且會把所有的經歷都當成是學習的歷程，即使是最困難的也是如此。

*自尊心通常會阻礙你承認自己的弱點（這是克服弱點必需的第一步），例如像是害怕問問題，因為別人可能會認為你很蠢，居然不知道 x x 事情。然而，承認這些弱點（例如，我知道我是個笨蛋，但我就是想知道……）可以幫助你超越自我，邁向學習和進步。

要自我反省，並確保你的部屬能夠自我反省。這個特質區分了那些快速進化的人和那些無法很快改變的人。當感到痛苦時，動物的本能是「戰或逃」（也就是要嘛反擊，要嘛逃跑），而不是反思。當你能夠平靜下來，思考讓你痛苦的困境，這樣會把你帶到一個更高的層次，並且啟迪你，讓你進步。這是因為你之所以會覺得痛苦，是有什麼出了狀況——也許是你遭遇到的現實狀況，比如朋友過世，讓你無法接受。如果你能保持平靜的狀態，就能想清楚是什麼出了狀況，這樣你就能更瞭解現實狀況為何，以及怎樣更好地去應對。這真的會促使人進步。反之，如果痛苦讓你很緊張，無法思考，自怨自艾，責怪他人，那就會是非常糟糕的經驗。因此，當你覺得痛苦時，請試著記住這點：痛苦＋反思＝進步。判斷一個人有沒有在反思很容易：自我反思的人會坦白地、客觀地審視自己，而沒在反思的人則不會。

管理者需要教導團隊成員，並向大家強調從錯誤中學習的優點：

我們必須將錯誤公開，加以客觀分析，所以管理者需要培養這種文化，並懲戒壓制或掩蓋錯誤的行為。在橋水基金，一個人可能犯的最嚴重錯誤就是不面對錯誤，也就是說，隱藏錯誤，而不是找出錯誤。找出錯誤，加以診斷，思考未來應該採取什麼不同的做法，然後將新學習到的知識加入到流程手冊中，是我們進步的關鍵。

瑞認為犯錯能成為學習的機會，產生力量，的確，從這些管理原則中可以清楚看出他對這個信念抱持的熱情。沒有人能夠忽略橋水基金幾十年來一直維持的高成效表現。我相信每個組織都可以向橋水基金學習，因為它所依據的原則反映了我們目前所知的最佳學習科學。無論各位是從事什麼行業，學習的原則都是一樣的。

小結

橋水基金的故事很有趣，也很有挑戰性。我想跟各位說的是，橋水基金創造了自己的方式（但不是唯一的方式），來處理這個問題：人類可以快速、有效地處理資訊，讓資訊來肯定我們對於這個世界、對於自己的想法。橋水基金明白，優質的思考和學習需要更多深度和批判性的思考，而這種思考要藉助於與其他人高品質的對話。

同樣，橋水基金也知道，我們很難憑一己之力去抗拒自我防衛，還有修正我們看待世界和自己的想法。這種類型的學習需要團隊合作。在這個過程中，必須要有坦白、直接和誠實的溝通，才會得到其他人的幫助。而這回過頭來需要「信任」，也就是某個人不會因為試圖幫助而承受不利的結果。這也需要我們相信，否則系統不會針對弱點進行懲罰——除非沒有改進。害怕說實話，害怕犯錯，害怕看起來很糟糕，這些都會抑制組織中的學習。這些恐懼永遠不可能完全消除；然而，橋水基金證明了，合適的文化、合適的流程、合適的領導行為以及非常的努力，能夠實質性地減少這些恐懼。

橋水基金直接處理了「人通常是怎麼去思考的」，還有「人的自我防衛和情緒是如何抑制學習」這兩個事實。它打造出一種企業文化，也建立了批判性思考和學習式對話的流程，來提升高橋水基金的學習頻率和品質。現在讓我們來探討橋水故事的另一個部分：人。

第三節：人

橋水基金目前正在採取一項重大措施，使徵人的工作更加科學化。從橋水基金過往的記錄來看，大約有百分之二十五的新進員工會在十二至十八個月內離職（在其他一些公司團體中，這個數字甚至接近百分之五十）。自二〇〇七年以來，橋水基金的整體離職率平均為百分之十九點六。可是橋水基金對於這個數字並不滿意。以往橋水一直都著重於聘用適合其企業文化的員工，但現在希望把徵人的工作變得更科學化，以提高留任率。

它的員工年資大概可以分為以下三個區間，每個區間各占總員工人數的三分之一：兩年以下、兩至四年、四年以上。橋水員工平均年資為三年半。公司的離職率往往很難查得到，但在最近一篇關於亞馬遜公司及其創辦人貝佐斯[34]的文章中有提到，亞馬遜公司的員工平均年資是一年，谷歌是一點一年，微軟公司是四年，英特爾公司是四點三年，IBM 公司是六點四年。這讓我們可以從不同角度來看橋水基金的平均年資。

瑞認為人員流動是招聘規劃上的問題。在他看來，橋水基金目前的流程設計得不夠好，無法找到以後最有可能在橋水基金大放光芒的人。在過去的二十五年裡，橋水基金在投資方面的流程已經相當不錯了，創造出相當驚人的成果，但現在徵人部分成了全公司更大的關注焦點，因為瑞的使命是創造一個最好的、永續經營的組織。

瑞曾說過，這個挑戰是要找到足夠多相信「極度透明」的聰明人，而且這些人要能夠順利通過瑞和橋水基金對每個員工期望經歷的轉變過程。瑞稱這個過程為「到達另一邊」。[35]一般人平均需要十八月的時間來適應橋水基金「極度透明」的環境與其不斷回饋的過程，並親身經歷這個過程：**接受自己的弱點、減輕自我防衛，並且努力投入，希望進一步能夠減少或管理自己的弱點**。不是每個人都能順利通過這個過程。如前所述，橋水基金的人員流動率比瑞期望的高，這是為什麼他想確定哪些類型的人最有可能到達「另一邊」。

當然，有部分挑戰是在於那些擁有最佳相關學識背景的人，他們雖然很適合進橋水工作，但往往也具有某些特質，使得他們不太能夠經歷這種轉變。橋水基金的新進員工，無論是年輕的，還是經驗豐富的，大多都符合以下特點：

- 都是精英、頂尖學校的畢業生，非常聰明；
- 過去都很成功；
- 人生幾乎很少遭逢失敗；
- 很少收到負面評價；
- 比大多數人擁有更好的強烈自我形象；
- 努力避免看起來很糟或顯得很笨；
- 很少（如果有的話）曾經歷過「有關於自己的困難對談」；
- 不喜歡衝突，喜歡努力顯得溫和有禮與受人喜歡。

橋水基金的目標是將其員工轉變為能夠獨立、批判性地思考，他們應該要：

- 心態開放；

- 願意讓自己的想法接受壓力測試；
- 接受並努力改進自己的弱點；
- 接受並努力減輕和管理自己的自我防衛；
- 坦承自己的弱點、錯誤，坦承自己不是什麼都知道；以及
- 相信職業生涯是一段學習和自我提升的旅程。

人是複雜的。每一個來到橋水的人都是由各種環境經歷和基因形塑出來的，結合了先天與後天。所有人都已經學會如何在自己的世界中取得成功，也都學會了社會的遊戲規則。但問題是，橋水基金的遊戲是不同的。極度透明、承認個人的弱點、接受錯誤，還有要能自在地待在一個不斷評量的組織中，其實是很不容易的事。接受橋水文化並在當中成功的人，他們的價值觀、屬性和能力是什麼？

這個問題把我們又帶回到第四章以及關於動機和心態的討論。過去幾年裡，瑞深入研究海豹突擊隊，想要瞭解哪種類型的人能夠通過這個組織艱苦的訓練過程。他還研究了愛因斯坦、富蘭克林和賈伯斯的傳記，並跟無數心理學家和諮商師談過。最後，他決定要招募具有成長型心態的人，也就是有好奇心的人，這種類型的人想掌握自己的世界，不怕失

敗、風險、不確定性或未知。他們的傾向是往前，而不是迴避。他們最強烈的動機是內在的，而不是外在的。他們比較傾向於內在導向，而不是外在導向。他們的心態比較開放，而不是封閉。「到達另一邊」的過程，會要求員工的生活和行為舉止，都按照橋水的價值觀和文化，而且要求投入持續不斷的評估流程，來找出必須改進之處，才能到達另一邊。

我工作過的每家公司都有領導力培養計劃，透過基礎培訓以及專為主管開設的課程，希望培養出必備的領導能力。很多課程都會使用一些心理測驗，而且都含有標準的年度檢討和發展規劃的談話。然而，在我以金融服務業為主的工作經驗中，二十多年來，我從來沒有收到過批判性的評論，也沒有討論過我有哪些必須克服的弱點。我從來沒有參與過三百六十度的全面檢視過程。但我並不是在說自己有多麼好。我要說的是，沒有任何一家公司像橋水基金那樣深入參與每個員工的發展。

橋水基金的故事之所以如此有趣，就在於員工收到回饋的頻率和質量。當員工進入橋水工作時，他們等於就註冊參加了「收到回饋」的活動，目的是加速他們個人的成長。公司的目標是什麼？是幫助每位員工成為最好的獨立思考者，因為橋水的競爭優勢就是擁有最好的思考者。

要實現這個目標，需要精心設計的流程。橋水基金的流程包括各種不同的檢視，以及極度的透明，還有管理者密集參與每位員工的發展過程——而得將直屬部下限制在五到十人的小組才有可能實踐。這個限制的目的在使每個管理者都可以非常瞭解自己的直接下屬，下屬也非常瞭解直屬上司。經過這十八個月的轉變過程，員工就會產生出有意義的關係和深厚的感情。

我越花時間研究橋水基金跟訪談他們的員工，就越能一再想起我在維吉尼亞州海軍陸戰隊大學領導學院的研究。海軍陸戰隊所設計的「機器」，目的在於打造出「機動戰士」——頭腦靈活、富有創造力並具有批判性思考能力的領導者。[36]海軍陸戰隊相信，為了建立一個有凝聚力的組織，需要共享培訓經驗、共享運作方式和共享價值觀——包括榮譽、勇氣和承諾。海軍陸戰隊的學習過程被稱為「轉型」，這個過程從招募階段開始（也就是確保能夠適應他們的文化），會一直延續到新兵的整個職業生涯。

海軍陸戰隊的領導力培訓則是刻意設計成具有高度壓力，以便測試學員。測試之後是廣泛、直接、即時的回饋。海軍陸戰隊將此轉型過程描述為「把生鐵收集起來，然後轉變為閃閃發亮的鋼」。[37]有一位海軍陸戰隊將軍在多年前曾對我所說過：「我們把人轉變為具有凝聚力的團隊，讓他們在最艱困的情況下仍然一直表現得格外出色。」[38]這與橋水對新進員工期望的轉變有著驚人的相似之處。接下來我將討論橋水公司是用哪些工具，引導員工完成這個轉變，並幫助他們「走向另一邊」。

員工評估

瑞對於各級員工評估的原則可以用這句最重要的話概括：「準確地評估員工，而不是『善意地』評估員工。」[39]

這是很難的。準確評估人員需要時間和深入思考。評估資料、得出初步結論、並在與員工談話之前對結論做反思，這些都需要時間和深入思考。要講出壞消息很難，沒有人想要被討厭。花時間瞭解真實狀況後，橋水基金的管理者們必須很小心，不要加以淡化，或者以一種空談的方式講出來，那只會讓對方更難理解。此外，由於很少有人能夠像以主管檢視屬下的方式去看自己的弱點，因此很可能會出現帶有情緒性的歧見。被檢討的員工通常需要時間反思，並且再回頭來多談幾次，直到雙方就問題部分達成一致的意見。

接著兩方必須確定此問題是某種行為模式的一部分，還是一次性的問題。如果確認問題是某個模式的一部分，那麼檢視者和員工就必須討論，這是屬於制度設計的問題，還是個人的問題。如果是前者，則必須找來與機器相關部分的負責方，討論如何修改設計。如果是後者，那就是工作不適合或者是培訓的問題。同樣，兩方必須就解決方案達成共識。

即使在最好的情況下，這個過程也是很漫長，而且顯然橋水在每位員工的評估上面投入了大量時間，希望讓每個人都有適合的位置，能夠獲得成功。任何一家公司只要把人視為最重要的資產，都會面臨類似的挑戰。然而，我工作過、提供諮詢或研究過的大多數組織，並不想追求這種程度的參與或分析。

即使有正確的原則、正確的評估工具／測試以及正確的數據分析，最後還是要由人來花時間與努力，進行分析、批判性思考、並得出深思熟慮的結論，然後與員工進行多次對話，進行壓力測試，這一切的目標都是為了個人的進步和成就感。大多數管理者和領導者都沒有接受過心理學或臨床諮商方面的訓練，因此橋水公司面臨的一大挑戰就是其管理者和領導者必須在這些困難的對話中做得得非常好。

在第一百零六條管理原則中，[40]瑞敦促橋水基金的員工要持續提供清楚和誠實的回饋，並鼓勵針對這些回饋進行討論。他告訴大家要站在別人的角度來表達讚美和批評。由於人們往往會過度誇大負面的回饋，所以他也強調，說出且關注別人的強項是非常重要的。他還不斷提醒大家，為什麼橋水基金要這麼關注犯錯和弱點——這並非出於惡意，而是因為它們是成長機會，而且能夠幫助橋水基金讓每個人都在對的位置上。[41]

「個人若要進化，」瑞說，「首先必須找出自己的強項和弱點，然後改善自己的弱點

（例如，通過培訓），或改換工作來發揮長處和興趣。」[42]

他說：「一般來說，要全面瞭解一個人，需要六到十二個月，而要改變行為，則大約需要十八個月。」[43]他還說，「『我認為你做了一個很糟的決定』跟『我認為你是一個很糟的決策者』」是不同的。[44]他的管理原則是，「不要認為在某些事情上做得好或壞，就代表著這個人在任何事情上都會做得好或壞。要瞭解到所有人都有長處和短處。」[45]

在對員工做出判斷時，橋水強調，這些判斷需要根據夠多的優質數據資料樣本，然後以開放的心胸、公平的態度跟員工討論。第一百一十一條原則就警告說：「請記住，在評估人員時，最大的兩個錯誤是你對自己的論斷過於自信，還有無法把這論斷前後都說得通。」[46]

員工的個人成長工具

橋水打造了一系列的工具，專門用於評估員工，也能幫助員工管理個人成長。橋水基金使用不同的心理測試，包括：邁爾斯．布里格斯性格分類指標（Myers-Briggs Type Indicator）、團隊面向量表（Team Dimensions Profile）、職場人格特質量表（Work Place Personality Inventory）和以埃利奧特．賈克斯（Elliott Jaques）的分層系統理論為基礎的價值觀量表。

這些測試只是在一開始使用。我們之前探討過，在每次會議之後，與會者都會評估被檢討者和其他與會者的表現，以及任何人都可以隨時針對任何其他人提出回饋意見。所有這一切都是透明的，每個員工都可以調閱。每個員工都有一個根據經驗和回饋的評估所計算出來的可信度指數，而使得有些人提出的不同回饋會有「適當」的加權。所有這些回饋每天都會自動更新，而且在每位員工的橋水基金 iPad 上都可以看得到。

橋水基金使用了許多其他的工具，針對個人強項和弱點的部分，經常提供回饋給所有員工，幫助大家成長和發展。所有這些工具都存在每位員工的橋水基金 iPad 上。為了讓各位瞭解這個評估過程有多廣泛和詳細，我在下面介紹其中的四種工具：點收集器和點連接器、問題日誌和問題日誌診斷卡、痛苦按鈕和棒球卡。

點收集器和點連接器　「點收集器」（Dot Collector）是一種工具，它可以讓每位員工根據自己個人的觀察、會議、對話或團隊合作經驗，對任何其他員工的表現提供回饋。評估者可以在橋水基金評量員工的七十七種行為或態度「屬性」裡，選其中任何一項提供回饋。（有關這些屬性的細節和列表會放入下面關於棒球卡的討論之中。）評估者甚至可以針對某位員工的表現是否遵循橋水的原則、遵循的程度等，提供回饋。在橋水基金，不管哪種會議，在結束時都留有時間給與會者使用「點收集器」，輸入他們想要對參與會議的任何人提出任何評估或回饋。有時候，會議上的主席也會直接要求與會者對某個特定與會者的表現提出回饋。此外，常常有與會者會在點收集器上發出問卷調查，並且提出一些跟會議進行方式或會議效率有關的問題。根據橋水基金極度透明的原則，所有這些回饋對每位橋水基金員工都是完全透明的、公開的。

點連接器則是輸出所接收到的回饋——基本上它是一個資料庫，裡面是每個員工從公司其他人那裡所收到的回饋（但不包含來自上司的歷年正式評估報告）。裡面的資料是根據相關的七十七個屬性做分類。然後這些資料會彙整起來，做出摘要，提供給每個員工，從強項和弱點以及屬性來看看自己的回饋「圖像」。點連接器不僅讓員工可以看到其他人對自己是怎麼評價，而且還收集和彙整員工給其他人的所有點（按收件人和屬性分類提供）。這些點是按照評估的級數和評估者的可信度指數以圖形方式顯示，這樣被評估的員工和其主管可以對個人評級和屬性方面的整體評級給予適當的加權。

「點連接器」等於是員工即時的回饋資料庫，可以追蹤回饋趨勢，以及自己有幾個屬性（或特性）尚待改進。點連接器之所以具有這樣的統計功能，原因是為了排除評估者的偏見，因為它可以讓被評估者輕易查到某個評估者對公司其他所有員工在同一項屬性的評級。

這樣，如果員工收到關於某項屬性較低的評分，並且能夠看到評分者也給所有其他人都打了低分，那麼除了評分者的整體可信度指數外，員工還有數據資料來闡釋評級的可信度。點連接器還允許員工查詢自己在某項屬性類別的總體評級，並將自己的評分跟公司整體的統計數據加以比較，深入查看誰也有同樣的評級，誰的評級更高。這為員工提供了數據資料，讓每個人可以看到在其他員工之中，誰會是最好的榜樣，可以跟著學習，改進自己的行為。

點連接器還能夠讓員工查看所有其他人的評級資料。橋水基金是使用演算法，多重檢核員工的點連接器評級與考試成績，以及所屬主管針對他們表現所給予的正式回饋評估——每個人都有一位指定的主管。整個過程有三個重要的目的：提供一個人強項和弱點的準確圖像、追蹤一段時間內的表現趨勢，以及使用這些數據資料將員工放在可以發揮其優勢的位置。橋水基金的所有員工，包括瑞本人在內，都知道自己是在哪個位置——所以在檢視時不會覺得有什麼意外。

員工的點連接器資料是運用橋水基金其他工具的起點。因為每個人都會有弱點，而點連接器會顯示出來。那接下來要怎麼做？當然是橋水基金會要求每位員工跟其主管做根本原因的分析，找出問題的根源。而這個分析便是使用問題日誌和問題日誌診斷卡的目的。

問題日誌和問題日誌診斷卡　在橋水，問題日誌及問題日誌診斷卡是用來修正或改進流程與人員的問題，因為這些問題可能會導致橋水「機器」性能表現欠佳。問題日誌是一份列表，上面記載與某個員工相關的各種個人或流程問題。問題日誌是集中保管的，主管可以從中瞭解他們管轄區域的人員和流程問題，跟大家一起診斷出最重要問題的根本原因。而診斷的流程，就叫做問題日誌診斷卡（見圖9.2）。

這個診斷工具是想要找出，錯誤是因為「機器」設計問題，還是個人弱點造成的。如果是後者，在流程中會確認這個弱點是否為此人的某種行為模式，或者是能力不足或欠缺培訓的結果。最後一個步驟是讓管理者和員工找出，要採取哪些做法，從長遠上來解決這個問題，降低問題再次發生的可能性。在某些情況中，這意味著要為個人制定發展計劃，但有也可能意味著此人恐怕不適任，需要從目前這個職位撤換。這一切都有助於持續瞭解橋水公司的每位員工，而且都會被記錄在卡上，包括根本原因，以及為了改善原因或改善弱點所制定的計劃。

這些卡片對所有員工都是公開透明的。每個人都可以知道其他人的弱點，而這可以帶來兩個正面的影響。首先，它讓大家知道，每個人都有弱點。其次，它使公司如何處理個人弱點或問題的方式變得公開透明，如此一來便能夠讓員工對組織產生信任、對他人抱持

1. 詢問寫出問題日誌的人：「是什麼讓你感覺不太好？」

- 或者問寫問題日誌的人：「是什麼讓你覺得痛苦？」
- 這樣的好處是什麼？確認哪裡很糟。找出是哪裡不太好。

2. 問相關的管理者：「這個問題是哪邊的責任？誰應該要負責？」

- 打開責任歸屬地圖，列出正確的名單。
- 這樣的好處是什麼？可以明確釐清責任歸屬與誰需要負責。

3. 問責任方說：「你的機器在完成工作方面，目前運作得如何？」

- 問責任方說：「請描述你是如何完成這項職責。請描述是誰要負責每個步驟要做什麼。」
- 打開跟這項職責相關的機器地圖；如果沒有文字紀錄，就請在討論中記錄下來。
- 這樣的好處是什麼？可以清楚看出整個流程是如何運作，還有每個步驟是誰在負責。另外也可以詳盡說明這個流程是如何達成目標。

4. 問責任方說：「在這個情況中，如果是有問題的話，是什麼出了問題？」

- 首先先問：「有遵循機器的各個步驟進行嗎？如果沒有，是誰沒有遵循什麼呢？」
- 如果都有遵循著機器的每個步驟，那接下來問：「這個機器是否設計得很好？如果不是的話，是設計哪裡有問題？」
- 不然也可以換個方式這麼問：「機器產生這樣的結果是可以接受的嗎？原因為何？如何知道？」探詢看看其他人是否也同意。如果其他人也同意，那麼你的診斷就已算完成。
- 這樣的好處是什麼？可以針對哪裡出了問題找出清楚明確的答案（例如，在機器的這個步驟的這個人沒有把工作做好、是機器設計得有問題），或者可以獲得大家的共識，認為這樣的結果是可以接受的。這就是你要找的近因。

5. 問要為這個問題負責的人：「為什麼你沒有做好？這件事會告訴大家你是怎樣的人？」

- 深入探究這個需要負責的人為什麼沒做好。要能夠「觸及到痛處」。
- 然後問這個人跟其管理者：「這個弱點代表了這個人的某種行為模式嗎？」
- 拿出這個人的棒球卡，確認答案是什麼。
- 這樣的好處是什麼？可以清楚正確地陳述出，為什麼這個人會犯這樣的錯誤，以及這是否就是此人的某種行為模式。這個「為什麼」通常會用到形容詞，因為會描述出這個人的樣貌。這就是你要找的根本原因。

6. 問責任方：「這個人／機器／職責方面要如何改進，才能解決這個問題？」

- 先確認是否已經採取了短期的解決方案。（例如，把印表機修好。）
- 確定長期解決方案要實行哪些步驟，以及誰要來負責執行這些步驟，具體來說像是：
  - 需不需要指派什麼責任給誰，還是進一步釐清？
  - 有沒有機器方面的設計　　需要修改？
  - 有沒有誰的職責需要重新評估是否適任？
- 根據從此次會議中所學到的東西，更新責任歸屬地圖與機器地圖。
- 根據步驟 5 的觀察，更新員工棒球卡上的資料；準確使用可信度的評級來呈現觀察的結果（例如，明顯有某個行為模式是弱點；還是一次性的問題）。

圖 9.2 問題日誌診斷卡

同理心、自己也變得謙卑。

痛苦按鈕　各位還記得瑞的公式：痛苦＋反思＝進步嗎？「痛苦」代表了面對和承認自己弱點、並且採取措施，減輕弱點的心理掙扎。痛苦按鈕是一款應用程式，橋水基金每位員工的 iPad 裡頭都有裝設。痛苦按鈕與其他工具不同，它有個特別的功能，能允許員工將調閱的權限限制為只有本人或經指定的員工。痛苦按鈕可以像個人日誌一樣使用。「覺得痛苦」這個訊號就代表可能出現問題了，因此這個應用程式的目的是讓大家寫下並反思自己正在經歷的「痛苦」，以便瞭解導致痛苦的原因，並且有效地處理這些原因。

第一步是「記錄痛苦」——不論是根據極度透明的原則或私底下紀錄都可以——描述造成痛苦的經歷、列出相關的人（最多四位）與在這當中所感受到的所有情緒，還有這些每一項的相對強度。例如，可以列出像是憤怒、悲傷、受傷、焦慮、恐懼以及戰鬥或逃跑衝動的情緒等等。要不要告訴其他人，就由當事人來決定。

第二步是「反思痛苦」。這個過程是指深入思考是什麼造成自己覺得痛苦，以及哪些事實或事件導致痛苦。如果痛苦是因為別人的回饋造成，那麼會鼓勵員工試著透過反思，來瞭解給出這個回饋的人是怎麼得出此結論的。這個回饋是根據哪些事實？對方的信念是什麼？接下來，就像本書第七章討論的拆解預設過程，橋水鼓勵員工試著去理解自己為什麼會感到痛苦——也就是說，去理解自己當下會有這樣的感受和情緒反應，背後潛藏的信念是什麼。這個過程如同本書前幾章所討論的，通常會迫使員工面對自己的自我防衛和恐懼。然後公司會鼓勵員工記下自己的反思和想法，就像在寫個人日記一樣。如果員工沒有記下這些反思，沒有輸入進去，程式就會自動送出提醒給個人（這個提醒只會讓當事人看到）。

痛苦按鈕的反思部分還會有個結果或解決方式的部分，員工可以透過反思以下問題，來擬出解決痛苦的計劃：「誰應該要用不同的方式做些什麼？」接著，員工可以決定是否要做這個改變，然後可以在「進度部分」中追蹤進度，在這裡員工可以看到自己的痛苦是否再次出現，或者隨著時間過去，自己正在採取的解決方式是否已有效減輕了這些痛苦。

棒球卡　最後要討論的工具是一張卡片，它會顯示在一個畫面上，上面包含員工的整體評估概要。每位橋水基金員工，包括瑞在內，都有一張「棒球卡」，上面有員工的照片、整體表現等級（依據是正式的評量報告）、思考的評級（依據是心理測驗和根據橋水基金原則進行的行為評估）等資料。棒球卡上還包含了員工在七十七個屬性的等級（這些屬性分為七大類）。橋水基金棒球卡是有專利權的，但瑞很大方地允許我在此分享棒球卡的重點類別，以及每個類別下的一些屬性：

- 五大步驟流程中包括六個屬性，其中三個是：
  - □ 問題——要感知到問題
  - □ 問題——不姑息問題
  - □ 診斷根本原因
- 價值觀基礎包括四個屬性；關於橋水文化中的真實，其中三個是：
  - □ 活在真實之中
  - □ 追求卓越
  - □ 誠信
- 管理基礎包括十五個屬性，其中五個是：
  - □ 人員與工作規劃要相吻合

□ 深入探究，瞭解機器運作的方式
□ 「切入」
□ 願意觸及痛處
□ 讓下屬人員負起責任

這些屬性代表著橋水想達成其預期結果所必需的基本過程。其中最難的一項管理基礎就是徹底執行大量、高品質的回饋對話，而這是橋水維持機器運作所必需的。

• 思考特質包括十七個屬性，其中七個是：
□ 知道自己不知道什麼，以及如何處理
□ 線性思考
□ 橫向思考
□ 邏輯推理
□ 看到多種可能性
□ 處理模糊性

□同理心

- 其他橋水基金評量員工的屬性還包括：

□管理衝突，以便瞭解真相

□從錯誤中快速學習

□樂於接受自己真正的樣子，並且以此為基礎成長

□善於傾聽

□勇敢果斷地面對困難

□積極主動

每個屬性的得分是來自員工的主管和與該員工密切工作者的評價，還有其他員工針對特定會議或工作項目的評價。評分者的可信度指數對所有回饋有加權。棒球卡還包括員工在所有七十七項屬性中的自我評價。

這些評分是每天都會進行計算，因此代表顯示出來的評級是即時的、一直在變動中的。屬性分數還包含兩個摘要圖表。其中一個是名為「依賴」的圖表，裡頭指出了該員工在哪

些屬性具有足夠高的評分，可以被安排在需要這些屬性的職位或指派的任務。另一個是標題為「注意」的圖表，裡頭指出了代表該員工弱點的屬性，如果員工的任務或職位極為依賴這些屬性，則應該對這些屬性進行密切觀察。

棒球卡包含的數據資料會被用來確定員工的工作或任務是否適合。該卡還可用於識別行為趨向，並且追蹤改進弱點的進度。這些進展的趨勢會被彙整到正式的表現評估當中，並以「變化率」的數字評級提供給每個員工。所有這些數據會用來提供一個整體的評級給每位員工，以「色塊」呈現。每位員工還會另外有一個評級，是顯示該員工的能力目前符合哪個管理級別。每個員工的棒球卡都可以在公司內部公開查看。

這些數據是從哪裡來的？如前所述，每次會議結束時，與會者都會在一個稱為「打點」的過程中對其他與會者評分。這些分數會傳送至前述的點連接器的資料庫。

關於這些工具，很顯然會出現一個問題是：員工可以很安心地替自己老闆或高層主管打難看的分數嗎？我所收集的資料有限，只查閱了一些高層主管的棒球卡，其中也包括瑞的棒球卡，但從這些有限的資料看來，答案是可以。例如，我查閱了一位經理寫給瑞的電子郵件，裡頭寫得很詳細，主要是批評瑞在客戶會議上的表現。這封電子郵件很直接，而且寫得很負面。就我所記得的，信裡說到瑞其實根本完全沒準備，提出的觀點不清不楚，而且雜亂無章。這封電子郵件的內容和瑞的回覆都是公開的。瑞沒有辯解。他表示接受，並感謝有人給他這樣的回饋，還講到以後他會怎麼做，來確保這樣的事情不會再發生。他為自己讓團隊和公司感到失望道歉。

各位曾在自己工作過的組織中經歷過這樣的事情嗎？我沒有。各位曾遇過執行長公開向員工道歉嗎？我沒有。各位是否曾遇到過主管或老闆公開談論自己的弱點？我沒有。

有人可能在想，是否會有出於自身利益或惡意，而給低分的例子。是有的，這是可能的，但橋水有兩個流程，讓每位員工都有權「上訴」自己認為不公平的評級。在文化上，橋水基金的原則是創意擇優。每個想法或判斷都可以進行探索和壓力測試。每個人都有權質疑任何評斷，探究評斷背後的原因，決定這些原因是否經得起事實的檢驗。如果探查到最後，相關人士無法達成共識，那麼員工有權「往上報」，或向更高層級的第三方上訴。橋水將這種自動上訴權稱為其司法系統。我在跟橋水員工討論這個問題時，有人提醒我，這家公司的整體文化都是建立在「尋求真實」的基礎上。故意提交不真實的評價將會成為被解僱的理由，因為這種行為是極度違反橋水的企業文化。

到達另一邊的過程

當然，知道哪些弱點需要改進，只是成功的一半；關鍵的另一半是轉變過程，也就是：「到達另一邊」。為了解釋這在橋水基金是如何發生的，我在以下的案例中，根據我看到的橋水影片和之前的採訪，用故事的方式敘述出來，並進行分析。由於個資需要保密，因此使用的都是假名，弱點部分也是虛構的。

坦承不知道，就完全解脫了 對於摩根來說，這個轉變過程很艱難。她描述那就像是在「用最高速撞牆」，是她人生的轉折點。摩根瞭解到，承認自己「不知道」，是怎樣讓她解脫了。一旦她接受了這個事實——「不知道」不會使她變得愚蠢或在別人眼中顯得愚蠢——她就可以開始真正去解決問題。沒有人是無所不知的。

請記住，橋水聘用的新人通常都是菁英學校中表現出色的超級明星學生。他們的成績仰賴他們所知道的東西。他們的地位和自我形象部分取決於自己在外人眼中的聰明形象，以及其他人對他們的想法。因此他們不斷調整自己該怎樣表現，這也意味著他們會避免衝突，儘可能與人為善。

相形之下，要能在橋水成功，員工必須承認自己並非無所不知，也並不像自己過去以為的那樣聰明，而且必須公開這麼做。摩根就說：「這樣會改變你整個思考方式。真的很難，因為你『舊』的思考方式已經給過你許多成功的經驗，給過你很多肯定。」

摩根升為經理後，一直會收到直接的負面回饋。身為經理，摩根也必須對他人的表現提供回饋，並且必須培養EQ，以便幫助同事處理和評估回饋。摩根已經學會了從觀察別人、嘗試錯誤，以及「深入關懷」來提供這樣的回饋——換句話說，她能夠對於接受回饋的人有同理心。

這個過程很難。提供負面回饋很難，接受負面回饋也很難。一位橋水員工表示：「提供真相要比接受真相容易得多。」而摩根則將轉型過程描述為：「違背人性，同時也展現人性。」

超越自己——看輕自己 我們天生就會將衝突或負面回饋視為一種威脅。這種威脅會深入我們心底，挑戰我們的自我形象，將它視為是我個人的失敗。我們對威脅的反應既是生理上的，也是情緒上的，會影響到我們理性思考的能力。大部份時候我們會產生以下這兩種反應之一：戰鬥或逃跑，使我們感到焦慮。這些反應會阻止我們保持心胸開放，妨礙我們的認知處理，無法理解這些負面回饋。而人自然會產生防衛、轉移焦點和否認的反應，還有會感到沮喪、意志消沉。

橋水為了對抗人的這些自動反應，有很多關於「超越自己」的討論。「超越自己」的意思是要努力克服情緒，看輕自己，**把自己想成是一台機器：每當聽見別人對我的負面回饋，就把聽到的回饋當成是在描述一台機器故障的部分**。「超越自己」是一個隱喻，意思是迫使你頭腦中理性、有意識的部分去掌控頭腦中驅動情緒反應的無意識部分。換句話說，「超越自己」的意思是指：不要讓你的情緒劫持你的思想。深吸一兩口氣。記住，你是跟關心你的好人在一起。

我經常聽到這類的討論。當我反思我在橋水所看到的一切，雖然收集的資料有限，但可以看出常見需要解決的弱點包括：自己以為聰明而傲慢與固執、無法考慮其他觀點、害怕失敗、害怕看起來很糟、把個人成功定義為必須永遠都會有正確的答案。

在同一個團隊工作的兩位員工表示：「真正要對抗的是我們自己。自我、盲點、讓潛意識的自我控制我們。我們需要其他人幫助我們認識自己的弱點、超越自我、看到我們沒看到的。我們學到的是，彼此負起責任，我們是在幫助彼此變得更好。」

你不知道自己不知道什麼　有時候，橋水基金裡面進行的談話會因為反思而暫停——這是一個脫離當下、讓情緒平息下來的機會。反思是一個過程，用意是讓人試著去理解剛剛談話的內容，去理解為什麼他人會給出回饋，以及感受到是怎樣的情緒與情緒的強度。有時候，需要談過很多次，當事人才能真正聽到並思考別人的回饋。有時候則是需要一個「當頭棒喝」——也就是直接講出來。橋水有位名叫布萊恩的員工，曾經接收到以下的回饋：

我們有四個實例，發現你沒有把工作確實做好。我們發覺這當中有一個模式。為什麼你沒做好？我們認為這是因為你防衛心態很重。你有太多不正確的意見。你對所有事情都有強烈的主見。你不知道自己不知道什麼。你這些意見很多都站不住腳，但你卻堅持到底，因為你不認為自己有不知道的地方。每個人都有弱點。每個人都會犯錯。你不是一個有弱點和犯錯的壞人。你也是人。最成功的人都是那些從錯誤中學習的人，他們會以健康的心態看待自己所不知道的事物，並且試著填補自己所不知道的空白。你的每個想法都不像是經過深思熟慮的好意見。你沒那麼聰明。沒有人是。你不必萬事都知道，你只需要得到此刻眼前任務所需要的答案。你可能甚至搞不懂「我不是什麼都知道」。你固執己見。你自以為自己的觀點很了不起。

接收到如此直接的回饋，布萊恩很難過地說：「我的信心破滅了。我很害怕不知道。如果我不知道，我就不知道該怎麼辦。」這段對話後來朝著「如何彌補自己的不知道」這個方向去發展。當布萊恩瞭解到可以怎麼做來減少「不知道」之後，顯然鬆了一口氣。

上述這類談話很難，但瑞說他已經看到無數員工成功地「熬過」。這次特別的談話是以瑞的話做為結尾，他說：「布萊恩，你很珍貴。你在很多很多方面都很棒。我真的很想幫助你解決這個問題。」

幾天後，布萊恩與包括瑞在內的小組團隊開會。布萊恩在會議一開頭時說：「我同意我沒有盡責做好自己的某些工作。我沒有資格做這些工作。」然後小組討論瞭如何針對這些弱點來設計規劃，或者讓布萊恩接受培訓，學習如何完成工作中這令人苦惱的部分。

到今天，布萊恩仍然在橋水工作，並且擔任要職，發展得非常好。我跟布萊恩碰了面，問他這個轉型經歷對他在工作以外有沒有什麼影響。布萊恩的回答很有意思，他說：「我成為一個更好的爸爸。我不會把孩子犯的每個小錯都當成壞事，而是當做學習的機會。我試著教他去嘗試新的事物，失敗了，就承認錯誤，不需要想隱藏起來，這些都是沒問題的。」

你接受真實的自己嗎？橋水基金的轉型過程是極度透明度的向內延伸。坦誠面對自己的優勢和劣勢，可以讓員工發揮自己的強項，並且讓自己身邊有值得信賴的團隊，以此彌補自己的弱點，讓自己更完善。或許，比起傳統上獲得成功的遊戲規則，橋水的方式可使員工發揮得更好，因為傳統上要成功出人頭地，員工必須看起來像超人，沒有弱點，而且無論遇到什麼問題，都會努力去做。

我認為橋水這種內在的極度透明，在許多方面與本書前幾章中討論的用心和後設技能相似，包括後設認知、後設情感和後設訊息傳送。這些能力有助於管理一個人的思考、情緒，以及如何向他人傳送訊息。

我們同步嗎？橋水的員工對回饋談話進行反思後，「同步」過程便開始進行。要達到最終的「同步」，所需要的時間各不相同。這個過程是要盡可能客觀看待問題，並且就事實真相達成共識。

同意另一個人所說的是真的，這就是瑞所謂的與對方同步。很多時候，達到同步需要時間和耐心，尤其是當有人不得不面對自己的弱點或表現不佳時。（請記住瑞的公式：痛苦＋反思＝進步）。有時候會議結束時並沒有達到同步，因為還需要進一步反思。

以下這個故事是在橋水基金的一場會議裡發生的，當時我剛好在現場親眼目睹。[47]會議中的負責方是一位資深的技術經理，開會的目的是要討論橋水 iPad 工具的改進，和使用者界面的重新設計。

討論結束時，瑞對其中一位與會者[48]說：「珍，我想講一下，為什麼我們沒有同步。」接著就在大家面前談了起來，場面有些難堪。期間，投資長葛瑞格．詹森一度想要介入，試圖釐清狀況，因為很明顯珍和瑞在各說各話，牛頭不對馬嘴。瑞同意葛瑞格說的沒錯，自己很沒效率，於是葛瑞格帶頭試圖釐清他聽到的內容。有趣的是，在場的每個人似乎都明白，一旦這種對話開始，就會一直持續下去，直到雙方達到同步，或顯然需要更多反思。這個特別的討論持續了大約四十五分鐘，最後珍承認並接受自己的弱點阻礙她面對實際的情況。瑞稱讚珍，並且鼓勵她繼續努力。

我分享這個故事是要指出，瑞和珍兩個人在講的，跟在那次會議中討論的事情都無關，反而是跟一個未被解決的問題有關。瑞認為，問題很容易「溜走」而沒有獲得處理。然而，以橋水基金極度透明的文化價值和瑞的原則而言，問題不會因為太小就無法避免，這意味著就需要有這種針對個人的談話。在眾目睽睽之下就這麼談了起來，而且還會被錄音，供所有員工調閱，這一點凸顯了橋水是多麼貫徹極度透明的企業文化。

我第二度拜訪橋水基金時，參加了他們早上的會議，光在兩個會議中我就目睹了三次困難的、想要達到同步的對話。當時瑞引導大家展開談話，目的是針對某個問題的事實達成一致。然後談話轉向試著確認問題的根本原因。在橋水的「機器」範例中，只有三個可能的根本原因：糟糕的設計、缺乏能力，或由於缺乏培訓而表現太差。

下面這個例子可以更詳細說明，要達到同步的過程是怎麼進行。現場的參與者是瑞和一位名叫山姆的員工：

瑞：我們沒有同步。讓我們試著找出原因。好嗎？

山姆：好的。

瑞：讓我們先講一下事實狀況（瑞列出了事實）。你同意這些事實嗎？如果不同意，那是為什麼？

山姆：我覺得很難過，但我不知道為什麼。

瑞：把你的看法先放到一邊，然後試著去理解。想一想，這些事實是沒錯的嗎？有充分的證據嗎？

山姆：我想不出要怎樣辯駁你那個機器的思考。沒辦法，我無法回應。

瑞：你必須進入更高層次的思考。超越你自己——讓山姆你退出現在的談話。看著事實，就好像它們只是跟別人有關，跟你無關。現在，你看到了什麼？

（幾分鐘過去了。）

瑞：你同意這些事實嗎？

山姆：我同意。

瑞：讓我們來談談我們認為導致這些事實的問題是什麼。

（雙方開始了很不錯的來回對話。）

瑞：讓我們來想一下。有多少是設計方面的問題——也就是說你是在不適合的位置上？有多少是山姆的問題——也就是你必須解決的問題？我們的目標是弄清楚你怎樣才能更成功。我們都希望這樣。

山姆：我同意。

瑞：我們達到很好的共識了。讓我們之後再找個時間繼續討論。

好幾年來，這類的對話在橋水一直在進行。我認為，大家越常去看整個過程，就越能理解這是會發生在每個人身上的事，也就越能減少被孤立的感覺。儘管如此，在我去採訪時，那些在橋水任職五年以上的主管當中，很少有人表示自己親身經歷過幾次之後，這樣的對話有變得比較容易。不，依舊很困難，但他們都承認自己變得比較放鬆，也有信心可以展開這類對話。他們還同意，之後個人和組織都有了改進，證明當時的痛苦是值得的。

為什麼要進行這種難談的對話　對於管理者來說，跟下屬進行難談的對話並不容易。大多數人都無法自然而然就做到。不過有些橋水基金的主管發現，原先自己很怕進行這類對話，但後來自己會經歷另外一種轉變過程。一位主管說：「員工膽子都太小了。」不過，瑞和其他高層管理者在這個過程中會去指導主管們，保持冷靜、慢慢說、不要提高聲音，還有注意肢體語言、面部表情和語調變化。這些提點可以幫助主管們知道該怎麼進行，以及第一次或第二次談話要進行多久。最重要的是要關心員工並讓他們知道，每個參與其中的人都希望幫助他們解決問題。

在這類的會議中，瑞會一再地說：「我們無法避免痛苦的對話。我們都在與自尊心、盲點和潛意識的自我搏鬥。我們需要其他人來幫助我們認識自己的弱點，超越自我，看到我們自己看不到的東西。從對彼此負責當中，我們真正在做的是互相幫助，讓彼此變得更好。」

讓合適的人坐在合適的位置上 瑞認為一個成功的組織是在裡面工作的人都很快樂（有意義的關係），而又有出色的成果（有意義的工作）。為實現這個目標，組織必須將合適的人員安排在合適的位置上。因為即使你找到了合適的人、幫助他們轉變，但如果他們被放在錯誤的位置，一切還是徒勞無功。

因此，一旦聘用了合適的人，橋水有個重要的任務，就是決定怎樣把他們放在最符合他們屬性和能力的職位上。這並不容易，而且需要非常努力。為了做到這一點，橋水一直在進行分析，建立職位檔案，確定每個工作的「人員條件」。接下來則是更具挑戰性的任務，也就是獲得充分的數據資料，找出人們的屬性特質和能力。

瑞認為，每個人都是獨一無二的，由個人屬性、能力、價值觀和內在心理傾向組合而成。橋水基金是如何能夠用更科學的方式讓合適的人配對到合適的工作——也就是基於數據資料比對——而不是憑藉「直覺反應」？這最終歸因於使用現有最佳的數據資料來做出判斷，但橋水也要求不能失去人性的部分，因為橋水是以「有意義的關係」為企業目標。人不能成為可替代的物件，或放入機器的「小零件」。

在橋水，瑞不斷強調——每個人都有自己獨特的思考方式和看待世界的方式——每個人都不一樣是好的，因為所有的工作都不一樣。就是有這些差異，才能帶來需要經過壓力測試的不同想法和不同觀點，然後為組織創造最佳的結果。這個挑戰在於要教導人們接受彼此的獨特性和獨立思考。

瑞在管理原則第四十四和四十五條中表達了這種觀點，他在這邊是說到要「瞭解到，大家生來就各不相同」，並且要「考慮大家各不相同的價值觀、能力和技能」。[49]根據瑞所說的：

> 價值觀是根深蒂固的信念，會激發人們採取相對應的行為；人們會為自己的價值觀而戰，價值觀則決定了一個人與其他人是否合得來。能力是思考和行為的方式。有些人是很好的學習者，處理事情快速；有人是具有常識；有些人會有創造性的思考，有些人則是思考比較理性……重點是，你要知道，什麼樣特質的人在一起可以讓大家都能適得其所，發揮所長，還有，更擴大來說，你能夠跟誰建立成功的關係。[50]

瑞勸告他的管理團隊要「時時警惕所謂的『庸才內爆』」。隨著公司的成長，尤其是在快速成長時，經理人應該花時間在招聘合適的人才上面。這樣對大家都好，因為聘用錯誤的人，處理起來會很艱難，沒有人會喜歡。

除了正確定義每種職位所需的人員條件，並且透過相互合作、評估、極度透明的流程，創創每個員工的正確檔案之外，橋水正在進行的第三個計劃是從目前每個職位上挑選多位模範員工，建立一項關於他們價值觀、屬性、能力和心理傾向的匿名綜合檔案，在招聘和配對人員工作時使用。

這個「模範員工檔案」有兩個用途。首先，這是在建立職位檔案過程做質量控制檢查。如果某個職位分類的模範員工檔案與管理者創立的職位檔案有差異，那麼就是有設計上的問題。其次，匿名模範員工檔案會使用在招聘過程中，亦即將應徵者的心理傾向檔案和面試評估與模範員工檔案進行比較。換句話說，以某個特定的工作來說，問題就變成了：這位應徵者是否會像模範員工檔案中的「珍」或「鮑伯」？

不少企業都會進行這種科學化的徵人方式和職位安排。橋水基金的方法有趣之處在於，他們收集每位員工的數據資料非常深入，並且會做多重檢核。模範員工的數據資料在數量和質量上都很高，還可以跟類似職位的其他模範員工進行比較。我還沒有看到任何其他組織會投資經費在收集這麼多員工個人的評估數據資料，而且是在這麼多個人屬性方面。我也沒有見過任何其他組織會透過這麼多的交叉檢核，對成果不斷檢視和測試。實際上，橋水公司正在嘗試建立招聘的演算法，讓橋水更有可能聘僱到合適的員工、放到合適的位置，而且更能夠將現有員工安排或提拔到最能發揮其強項的職位。

小結

本書第二部份的一開頭，我鼓勵各位保持開放的心態，並建議大家在閱讀橋水公司的故事時，心裡記著兩個問題：以個人來說，你能從這些故事當中學到什麼來幫助自己成為一個更好的學習者？以組織的部門成員、部門主管、管理者或領導者來說，你能從這些故事當中學到什麼，來幫助自己組織的人成為更好的學習者，並且更有效地達成組織的使命？

我希望這章關於橋水的介紹能提供各位充足的養分，來思考這些問題。橋水基金的故事與大多數人的工作經歷截然不同。它讓我的 MBA 學生大為震撼，甚至內心極為反感，認為自己不想去橋水工作。我許多學生的背景與橋水公司的員工很類似，都是好學生出身。他們只要想到自己在橋水這個環境中不知道能否表現得很好，就感到很焦慮，很緊張。各位也會有這樣的反應嗎？

如果各位真的對學習的科學、促進學習的環境，以及如何減輕學習障礙感興趣，那麼橋水基金提供了很好的例子，展現了組織是怎樣付諸實踐。我發現唯有這一家公司——我在過去十年曾研究過一百多家高成效的公司，而且閱讀過數百篇研究論文和數百本由頂尖研究人員和執行長撰寫的書籍——它直接赤裸裸面對了我們的「人性。」

各位要瞭解，橋水公司絕非是完美的。它仍在進化之中。坦白而言，它會一直都在進化中，因為它希望能夠不斷改進。然而，以橋水基金的表現來說，它已成功地將組織和個人學習提升到了一個更高的層次。就像兩位橋水員工所說的（我將他們講的話結合起來）：「橋水是一個偉大的實驗，它既違背了人性，同時又非常人性化。」

我們可以這樣想

1. 在本章中，你讀到了哪些令你驚訝的內容？
2. 你最想反思和採取行動的三個收穫是什麼？
3. 你想改變哪些行為？

第十章

財捷：「埋葬凱撒的時候到了。」

成功企業的執行長或董事經常問我這樣的問題：「我們怎樣才能改變員工的行為，讓我們所有人都能成為更好的思考者？」在一家成功的公司中，很難改變行為和思考的方式，因為許多員工的心態是「如果沒問題，為什麼要改變？」[1]。財捷是一家非常成功的上市公司，在過去七年中一直致力於推動員工行為與思考的改變，創造了一種普及全公司的創新文化，並且使得實驗成為制定決策時的一個關鍵過程。要達到這個目標，財捷需要建立新的學習流程，改變決策的方式和級別，還有改變領導者的行為方式。這些都不是小小步驟就可以做到，也不是簡單的任務——尤其是像財捷這種上市公司，在決定推動轉型時，既沒有面臨危機，也沒有陷入絕境。我建議各位在閱讀財捷如何轉型時先牢記這一點。

財捷年營收超過四十二億美元，員工八千多人，主要是開發與銷售財務、稅務和會計軟體給消費者、小型企業、會計師和金融機構，產品包括Quicken、QuickBooks和TurboTax等。財捷的淨利率超過百分之三十，在過去十年中，一直被評為在美國最適合工作的公司之一。財捷是市場的領先者，也是一家績效超高的公司。它目前的發展計劃包括將其SaaS（軟體即服務）的供給擴展到各個不同客戶群，並且擴充行動解決方案，將產品轉移到雲端等。[2]

財捷的共同創辦人史考特・庫克（Scott Cook）畢業於哈佛商學院，曾在寶僑（P&G）公司工作過，也曾在貝恩策略顧問公司（Bain & Company）公司擔任顧問。他在一九八二年有了創辦財捷的想法。當時他發現妻子常為了支付帳單、記錄帳單而傷腦筋，於是開始與其他人談論支付帳單的問題，發現很多人也有同樣的困擾。於是史考特請史丹佛大學電機工程學生湯姆・普勞克斯（Tom Proulx）來寫程式，後來發展成 Quicken 軟體。史考特和湯姆於一九八三年創立了財捷，並在一九九三年上市。[3]

從一開始，財捷就是一個以客戶為導向的產品開發公司。這有部分原因是史考特之前在 P&G 公司的工作經歷，學到了要去消費者家裡探訪，善解人意地觀察消費者，跟他們討論產品的使用方法及效果，來收集消費者的意見，以便發現「痛點」。財捷以這種心態為基礎，一直著重於讓財務、會計和稅務流程是方便於消費者和小型企業使用，而且公司明文訂立的使命就是：「深入改善人們的財務生活，讓大家甚至無法想像回到舊有模式會是怎樣。」[4]

財捷最關鍵的客戶價值差異化因素是「容易使用」。然而，到了二〇〇〇年代初期，財捷發現「容易使用」不再像以前那樣可以成為產品差異化的強大因素。這種洞見來自財捷的淨推薦值（NPS）——這個數值指標代表目前消費者會向朋友推薦某個產品的可能性。財捷的 NPS 並沒有像高層主管們希望的那樣在成長。[5]這迫使史考特和其他財捷的高層主管重新評估。財捷是否需要將自己的本行提升到更高的層級？如果要，那麼該如何完成這種轉變？

財捷的領導團隊認為轉型確實是必要的，公司需要為客戶提供更多服務，以保持自己的市場領先地位。因此，財捷需要一個更引人注目的產品差異化因素。「容易使用」仍然是必要的特點，但已不再足夠。財捷必須重新思考自己是如何開發產品的，並且必須找到不同的流程來推動新的思考和學習方式。

有些新加入財捷的重要高層人士，在公司的轉變故事中擔任要角，例如執行長布拉德．史密斯（Brad Smith）和設計創新副總裁凱倫．韓森（Kaaren Hanson）。史密斯是於二〇〇三年抵達財捷任職，之前擔任行銷和業務發展資深副總裁，更早曾在百事可樂、七喜和 Advo 擔任銷售、行銷和管理的職務。韓森是史丹佛大學實驗心理學的博士，在二〇〇二年加入財捷。二〇〇七年時，她負責開發和擴展新的學習流程（因為財捷需要進行全公司轉型）。韓森和她的團隊後來還負責打造財捷的轉型工具——愉悅設計（Design for Delight），以及財捷的「快速實驗」流程。

愉悅設計

「愉悅設計」為財捷轉變過程的第一步。韓森的任務是定義什麼是公司新的產品差異化因素，經過一系列會議，她得出四項重大決定。首先，財捷的新產品開發目標是創造能夠讓客戶感到「愉悅」的產品。其次，「設計思考」——這是設計專業人士用來探索、發現和創造創新產品、服務或解決方案的方法——會是財捷用來發現愉悅的學習過程。第三，他們將這項新的措施稱為「愉悅設計」（D4D），並且將此整合到公司新產品開發過程裡。第四，「愉悅設計」會擴展到全公司。財捷的既定目標是創造以客戶為導向的創新，也就是「找到重要的問題，然後我們和我們帶領的人能夠以長期以來的優勢完善地解決。」[6]「愉悅設計」的宗旨是要達到以下目標：提供客戶超乎預期的絕佳產品體驗，讓客戶在整個過程中有非常正面的感受，而想要分享給全世界。」[7]

「愉悅設計」成功的關鍵是創辦人史考特和執行長史密斯的完全支持和積極參與。財捷有許多不同的產品開發和專案管理流程，公司裡的工程師都非常瞭解這些，不會感到陌生，而且能夠理解。但要讓他們採用「愉悅設計」的思考方式，並且把「設計思考」的工具納入到他們目前已經會的技能中，並非易事。光是改變流程就已經夠困難了，改變人的思考方式更難，況且改變人的行為方式尤其困難——特別是「舊有」的行為模式曾經為他們帶來個人成功。

設計思考跟廣泛使用於產品開發上的階段閘門或瀑布模型流程不同。設計思考的目標是要探索和發現還未浮現的客戶需求，並且使用設計技術來打造創新的解決方案。我在達頓商學院成長和創新學術中心的合作夥伴珍妮．利特卡教授，是把設計思考推動至商業世界的領軍人物之一。她曾擔任許多公司的顧問，並撰寫過三本關於設計思考的書籍。[8]設計思考不是線性、底線式的分析思考過程；它要求不同的思考方式，這種思考方式是要從長時間的實踐中學習得來。到最後，設計思考會成為個人技能的一部份，而且可以在適當的情況下加以利用。然而，要能夠如財捷所期盼的、完全轉變為以設計思考驅動的流程，需要好幾年時間，並且需要高階領導層有耐心、毅力和參與，才能夠成功。

韓森的設計創新小組知道這一點。韓森相信設計思考可以讓許多人大為驚嘆、大開眼界，而且使用設計思考本身就會創造出「愉悅」。然而，她的團隊也非常明白，若要讓大家把設計思考的工具拿來應用，這些工具要易於使用才行。韓森是訓練有素的心理學家，她知道如果將學習分解為幾個重要概念，那就比較容易改變以往習慣性的思考方式。最困難的一步是讓大家來嘗試使用。設計思考只能從實際使用工具來學習和瞭解。

韓森有系統地建制了整個流程。她首先從公司挑選十個人擔任設計思考教練、協助者和導師，這些人被稱為「創新促成者」。創新促成者計劃試行了一年，然後在蘇珊娜・裴利坎（Suzanne Pellican）的領導下發展成為兩百多人的團隊。此外，財捷採用系統性的方式將「愉悅設計」烙印到員工腦海裡。首先，公司高層領導者都親自參加了「愉悅設計」的培訓。其次，財捷重新將公司文化命名為「創新文化」，強調創新做為其核心原則的重要性。第三，它讓員工有輕鬆自由的時間去追求創新的點子。第四是舉辦「創意大會」，並頒獎給最被看好的創意。第五，在財捷網站上，公司建造了「創新網」，用於收集庫克和史密斯關於創新的故事、訪問、範本和常常發表在部落格的文章。

財捷的「愉悅設計」已發展成一個流程，包括以下三項：

1. **具備同理心以求深刻瞭解客戶**：透過思想開放、暫停判斷、管理個人自我，可以更好地觀察客戶的需求，並採取行動；
2. **先寬後窄**：在確定答案之前，以開放、不帶偏見的態度，從客戶那裡獲得更好的洞見，並探究更多的替代方案；以及
3. **快速實驗**：快速、便宜地測試新的點子，並且進一步發展那些在早期實驗中證明是最成功的點子。

觀察、傾聽和同心協力是這個流程每一個步驟都必須具備的技能。此外，韓森的團隊創造了很多專門為「愉悅設計」量身訂製的設計思考工具，幫助員工達成「具備深刻瞭解客戶的同理心」和「先寬後窄」的目標。如果各位有興趣進一步瞭解這些流程，我強烈推薦各位去看利特卡教授的書籍。[9]

在這裡要特別介紹的是財捷為測試新的點子而採用的流程：快速實驗。因為就算你不需要採用設計思考找出創新的點子，它在你的工作中也是派得上用場。

快速實驗

「愉悅設計」會產生出很多好的點子，所以財捷需要另外一個流程來快速、低成本地測試這些點子。此外，新點子的測試必須要能促進重複學習，使最好的點子能夠脫穎而出，以進行進一步開發，最後推出新的產品。財捷設計了一套用來測試點子的方法，並將這套方法稱為「快速實驗」，目標是將「檢測某些假設是否成立」加以制度化，並成為財捷的決策工具。正如韓森所說，「一切都是一種實驗。」[10]

快速實驗背後的想法來自艾瑞克．萊斯（Eric Ries）所著的《精實創業：現今企業家如何利用持續創新來創造極為成功的企業》（Lean Start-Up: How Today's Entrepreneurs Use Continuous Innovation to Create Radically Successful Business，2011年）。[11]萊斯是成功企業家史蒂夫・布蘭克（Steve Blank）的門徒，他主張成功的創業家精神乃是取決於盡快對客戶進行快速且低廉的實驗。[12]韓森和她的團隊採用了《精實創業》裡面的概念，加上財捷「容易使用」的核心原則，設計了財捷版本的客戶共創實驗過程，此過程簡單、容易上手，並且易於推廣到整個財捷中。財捷的快速實驗過程和本書第七章中討論的「學習啟動」過程是相同的，也就是對潛在的消費族群快速、低廉地測試點子。這樣的過程需要「拆解我們的預設」，本書第七章中也詳細討論過這個概念。

二〇一二年，創辦人史考特是這樣說明快速實驗的重要性：

> 為了在創新的時代蓬勃發展，公司必須改變決策方式，並且改變領導者的領導方式。要做到這一點，各位必須將做決策的方式改變為我所說的「由實驗來領導」。拋棄辦公室政治，拋棄簡報檔，轉變為讓點子自身證明的可行性。從老闆用意見投票，轉變為是客戶用腳投票。從由管理層級設定工作事項，轉變為由創新者設定工作事項。[13]

在這個資訊時代，領導者的角色是置入系統和文化，使任何人，甚至是剛進來的員工，都能夠快速、輕鬆地對真正的消費者進行實驗。因此，這意味著公司必須消除本來就存在的障礙，以免阻礙大家對真正的消費者進行實驗。這也代表整個公司的各大事業群必須一起來消除這些障礙。[14]

讓我們思考一下史考特以上所說的。儘管公司、投資者和員工都渴望領導者能夠帶領企業穩定經營，但是他還是使用了「由實驗來領導」這個有趣的用語。然而，史考特的意思並非「拋棄穩定經營」這個目標，相反的，他所說的是，財捷將成為一家把實驗當做是一種重要的關鍵學習過程、持續學習著的公司。就像他說要「拋棄辦公室政治和簡報檔，轉變為讓點子自身證明的可行性」，這句話清楚顯示，財捷正試圖創造一個創意擇優制度。有趣的是，各位應該還記得，橋水公司也以自己就是如此而自豪。

自二〇〇七年以來，創辦人史考特和執行長史密斯用來傳達財捷要轉變的用詞就一直演變，令人感到新奇。在一份聲明中，史密斯提到了「埋葬現代凱撒」——這是指那種對不論什麼決定都要管的老闆——來解釋財捷在管理方面的改變：「在財捷，我們要求所有的領導者努力創建和接受這樣的系統——授權所有員工進行快速、低廉的實驗。你是透過實驗做出決定。最好的點子可以自己證明自己。」[15]

史考特則是推動由創新者設定工作事項，當中有個故事特別跟這個政策相關：在印度有一組年輕的員工響應了公司的要求，提出點子，想要改善當地人的財務狀況。史考特很喜歡提到這個故事，來說明財捷企業文化的改變過程。這個印度的創新團隊提出了一個以農民為主角的點子，因為農民佔印度人口的一半。但印度那邊的高層們沒興趣。然而，在財捷「凱撒已死」的新原則下，容許這些年輕的員工進行研究，花時間拜訪農民，瞭解他們的困難。

他們探訪後瞭解到，農民不知道要把自己的農產品帶到哪個市場才能賣到最好的價格。他們只能用猜的，而且由於交通不便，一旦他們決定去哪個市場，就無法在同一天去另一個市場。而一旦他們進入市場，他們就無從得知市場價格的資訊，也沒有談判的立場。

這個團隊想知道，是否有辦法得知市場價格的訊息，然後用簡訊通知農民。但印度高層仍然沒興趣，只是告訴這些年輕員工這個點子會行不通的原因。可是這個團隊一直堅持下去，展開十幾次的實驗，發現批發商會將價錢報給研究人員，農民可以利用這些訊息前往較好的市場，談到較高的價格。價格提高了，農民的家庭收入就增加了。

今天，財捷免費提供農民這種稱為「財捷Fasal」的產品，用當地語言向農民發送相關作物價格和市場的訊息，用戶超過一百六十萬人。此外，財捷現在正在創設一個免費的 Fasal 市場，買家和買家代理可以直接將他們的購買需求與農民的產品進行配對，並鎖定產品和定價，從而使批發商脫離仲介者，為農民個人創造更多收入。財捷還把這個服務賣給廣告商，讓廣告商有機會向農民們推銷商品，而這個機制又使得財捷每天都能招募到越來越多的鄉村農民，來使用 Fasal 這項免費服務。

在這個例子中，印度的高層管理者告訴年輕的創新者說，別浪費時間了。但年輕的創新者還是堅持進行了實驗。史考特和史密斯把這個故事當做是一個絕佳的範例，說明第一線的員工是如何創新，以及「愉悅設計」的流程是如何快速、低廉地創造出新的點子，從而生產出能夠具體改善人們生活的產品。財捷的新文化賦予權力給這些員工，讓他們能夠使用「愉悅設計」流程。

顯然，快速實驗是個好方法，可以立即開始測試好點子，但是快速實驗的流程究竟是如何發揮作用的呢？財捷的快速實驗流程跟很多公司用來確定要投資支持哪些點子的傳統規劃流程完全不同。傳統的規劃流程通常把焦點放在市場分析，建立詳細的財務預估來證明投資的經費是合理的。這樣做的重點是用分析來證明投資的合理性，而整個流程通常最關切的就是風險。

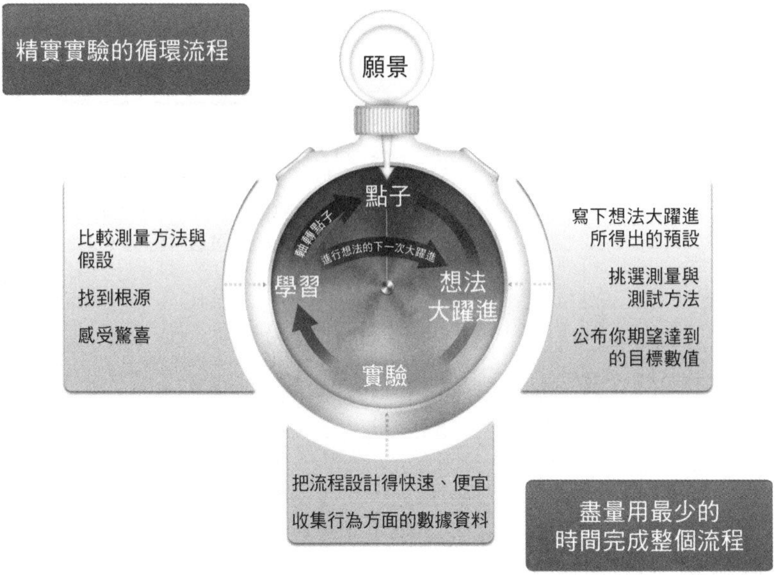

圖 10.1

資料來源：Kaaren 韓森，「Creating a Culture of Experimentation,」 BRITE Conference Presentation, March 4, 2013, SlideShare.Used with with permission

相較之下，快速實驗是一種快速、低成本的實驗過程，需要快速向客戶學習。它一開始的重點就是要消費者深入參與，而不是財務分析。詳細的財務分析要到流程的後期才用得上。小型團隊可以使用財捷的快速實驗過程來測試新點子。如圖10.1所示，這個流程有四個不同的步驟：（1）點子、（2）想法大躍進、（3）實驗，和（4）學習。

在圖中間圓形的部份，第一個關於「點子」的步驟是要試著回答以下三個問題：消費者是誰？問題是什麼？可能的解決方案是什麼？

「想法大躍進」的步驟是要求團隊「拆解」消費者最重要的行為並達成共識，而這些行為必須是消費者真正會有的，才能使點子能夠發揮作用。這個拆解過程類似於「學習啟動」的拆解過程、豐田汽車的「五個為什麼」和橋水基金的根本原因分析過程。

「實驗」的這個步驟則是需要設計一個快速實驗，最低要求是要能測試想法大躍進這個步驟所提出的預設。它需要證明這個假設：「如果我們做X，那麼百分之Y的消費者會以Z的方式行事。」在進行實驗之前，團隊必須設定最低的成功標準值，也就是他們期望出現什麼行為，以及達到什麼數量。為成功標準值設定一個最低門檻有個好處，那就是可以防止實驗者過早結束數據資料的收集。但它也有一個風險：實驗者可能會過於關注數字的達成，而不是數據資料的品質。這種風險必須加以控管。

財捷的「學習」這個步驟是指檢視從實驗中收集到的數據資料，並把重點放在為什麼假設獲得證實，或沒有得到證實；發生了什麼意料之外的驚喜；以及可以從任何驚喜中獲得什麼消費者的洞見。這就是學習的部分。接下來則決定是否要改變想法（軸轉），還是以其他的實驗持續（保留）做下去，或者放棄。

財捷不僅承認而且接受這樣的事實：許多實驗會失敗，因為它們無法證實最初的假設。為了讓員工明白這一點，財捷在公司內部的〈快速實驗操作手冊〉上有加以解釋：實驗的目的是要促進學習，是為了能夠做出更好的決策，而不僅僅是驗證預設。[16]〈快速實驗操作手冊〉還特別列出了為什麼要進行實驗的原因：這是一種將看法轉變為事實的方法；它能證實或反駁預設；它可以讓實驗者發現關於消費者令人意想不到的驚喜之事；它產成的數據資料有助於做出更深思熟慮的決策；還有，這些資料可以用來創建關於這個點子背後的故事。[17]

史考特特別熱衷於驚喜的重要性。早期曾出現過一個意料不到的驚喜，在Quicken演變為QuickBooks的過程中發揮了關鍵作用。庫克和他的團隊知道Quicken是一款專為單獨消費者設計的產品。然而，他們驚訝地發現，Quicken的許多用戶都是小型企業。多年來，財捷一直忽視這個事實。最後，他們終於檢視自己的數據資料，於是創建了QuickBooks，為小型企業這群龐大的客戶提供更好的服務。在最近的一次會議上，史考特說，「實驗的一個重要好處是它可以讓你早早獲得意想不到的驚喜……從早期小小地測試關鍵性的假設，你就會得到驚喜……接著你希望越早獲得這些驚喜越好。」[18]而驚喜則是來自於「瞭解自己的假設原來是錯的」。

財捷一直努力要把實驗的目標，從「證明某些重要假設是錯的」推進到「發現某些意想不到的驚喜」。這些驚喜可以帶來意料之外的、非常有價值的數據資料。史考特非常肯定驚喜的價值說：「意想不到的驚喜會發生，而有時候那是市場在對你說話，告訴你一些你不知道的事情。」[19]史考特關於驚喜的哲學與本書第七章當中，克萊恩討論的「洞見」過程，其實有異曲同工之妙。

而我們還需要一個樂於接納的觀眾，來瞭解驚喜的價值。這有時候需要對領導者和管理者進行再教育，因為他們必須學習如何扮演關鍵性的角色，將驚喜的價值最大化。

有一點很重要：假設遭到反駁，不應該視為是個人的失敗。也就是說，就算想法行不通，個人也不會因此付出太大的代價。在財捷，只要公司可以從實驗中學到一些東西，掌握住快速實驗所必需的態度和文化，就不算失敗。失敗反而可以帶來新的洞見，引發新的實驗。

史密斯曾說過，他跟員工一起探究實驗結果時，會使用以下問題：

1. 在好的方面，有什麼讓你感到驚喜？你瞭解是什麼造成這出乎預期的好處？
2. 在不好的方面，什麼讓你感到意外？你瞭解是什麼造成了這不太好的意外之處？
3. 有什麼障礙阻礙了你努力想要達成目標？[20]

史密斯的問題強調了關於實驗的另一個關鍵點。在大多數情況下，我們有很多點子。創新是一種巨大的匯集過程，需要數百個點子來進行大量實驗，然後會出現一些可以繼續發展的倡議，這些倡議可能會形成一條新的、巨大的S曲線，或者讓一個「推動改變的人」出現。因為我們的點子只是想法，所以還有很多我們不知道的地方。在大多數情況下，未知的部分一定是超過已知的部分。做實驗的目的是要發現和找到數據資料，減少未知的部分。正如史密斯用他的問題來爬梳實驗的結果，這些挖掘出來的資料可以是正面的，也可以是負面的。

在推行快速實驗時，韓森說她體認到，真正要學會整個流程的唯一方法就是實際去進行實驗。「從做中學」成為財捷的口號。[21] 我在「學習啟動」方面的經驗也證實了這一點。我發現一個團隊需要進行大約三次的學習啟動，才能熟悉整個流程。如果各位希望自己組織裡的高層管理者真正瞭解你想要進行的實驗流程，那麼就讓他們也用這個流程進行實驗。財捷做到了這一點。該公司高階經理人在公司外進行度假會議時，快速實驗經常是討論焦點。從公司文化、語言和支持這幾個角度來看，讓領導者「參與其中」是極為重要。

史考特一再強調，實驗必須成為財捷的核心決策模式，而且看起來，財捷在擴展快速實驗方面已有相當的進展。財捷在二〇一二年進行了一千兩百多次實驗，在二〇一三年進行了兩千四百多次實驗。幾個產品事業群和其他非產品部門，如法律、人力資源和其他服務部門也進行了快速實驗，證明財捷的客戶可以是內部的，也可以是外部的。[22]

從高層開始學習

財捷轉型的另一個重要收穫是創辦人史考特個人的學習旅程。他堅信，學習是要從高層開始，領導者和管理者必須以身作則，才能要求員工。他在一篇貼文中表示：「公司裡，要學習和成長的最重要那個人，就是執行長……如果你沒這樣做，你的公司就會完蛋。」[23]他的文章令我深有同感，我的經驗也證實了這一點：在最成功的學習型組織裡面，領導者都是充滿好奇心和熱愛學習的。

在同一篇文章中他接著寫道：「你必須找到一個能告訴你真相和後果的人。」[24]這裡他非常認同詹姆．柯林斯在《從A到A+》書中的論點，即偉大的公司必須「面對殘酷的事實」。[25]領導者尤其要營造一種相互當責和允許自由發言的公司文化，請大家給予回饋——包括令人不快的回饋。他解釋了自己適應回饋的過程：

你必須要使出渾身解數表現出來……如果你是執行長，你今天沒這麼做，那麼員工是不會去做的，因為員工就是不會這樣對待自己老闆。（給予回饋的人）可能是董事會成員，可能是外人，可能是行政助理，或是傾聽所有人的心聲並敢於告訴你真相的人。我們有一位高階主管教練來進行主管成長課程，我要求這位外聘教練也來幫助我，因此他在公司裡做了一個三百六十度的全面向探訪，訪談與我一起工作的人，然後再跟我談。我當時就像被巨石砸中似的，原來我竟然有這麼多拖著沒解決的事……我承諾與我一起工作的團隊，我一定會改變，所以我需要各位的幫助。結果他們沒法幫助我，因為大多數人都無法對老闆說些嚴厲難聽的話。所以從那以後我就一直和這位教練合作。[26]

我們極少會聽到老闆說他被來自底下員工的回饋嚇到了，還向全世界承認自己「有很多拖著沒解決的」。有多少高層管理團隊會願意讓自己接受嚴格的三百六十度度檢視？然而，這個過程我覺得實在是非常重要，因為它有助於減少領導者「無所不知」、「有正確答案」的荒謬想法。而且這個過程應該是會帶來某種謙卑，這樣就有助於系統2的思考和系統2的對話。

而執行長史密斯也必須找到自己的方法，在財捷塑造出這種新的學習環境。他是這樣描述自己在財捷開會的方式：「大家需要知道，尋求幫助是一種長處，而不是示弱的表現。壞消息傳播的速度都是比好消息快。」[27]為了將這個訊息傳達給他的團隊，史密斯說他在團隊會議上問了大家以下的問題：

1. 如果可以＿＿＿＿＿，這便是一次很不錯的會議？（請團隊成員完成這個句子。）
2. 大家覺得在哪裡很辛苦，或者最沒有信心？
3. 我在哪裡最能夠幫助大家？[28]

二〇一三年六月，史密斯寫了一篇公司內部文章，描述他如何分配自己最寶貴的資源：時間。這篇文章很有啟發性。他稱他的計劃為「40—30—20—10計劃」。這個意思是他試著將自己百分之四十的時間用來經營公司；百分之三十的時間用來培養組織能力，幫助領導者發展；百分之二十的時間用在公司之外向他人學習；百分之十的時間用於跟著自己的個人教練和導師在個人方面成長與發展。為了對自己負責，史密斯每一季會對自己進行評量和評分。[29]

總之，史密斯力求至少將百分之三十的時間花在向他人學習和自我發展上面。這很有趣。各位會花多少時間走出去，向其他公司學習？各位會花多少時間來解決自己某項領導方面的弱點？這裡與橋水基金有一些相似之處，因為瑞・達利歐和他所有員工一樣，也有他的問題日誌診斷卡和棒球卡。他的問題對橋水的每個人來說是「極度透明」，跟最年輕員工的問題一樣都會被看到。他讓自己接受與其他人一樣嚴格的流程檢視。

史考特、史密斯和瑞・達利歐用他們自己的方式瞭解自己的侷限在哪裡，並且對於做自己非常自在，敢於向自己和全世界承認自己不夠好。同樣重要的是，他們談論自己的缺點和表現出來的行為與X理論的領導者不同。如果各位想參與學習型組織或成為組織內裡學習團隊的一員，我建議大家先照照鏡子，面對現實。你是一個好的學習者嗎？你會花時間去解決自己的弱點嗎？你是否會像史考特和達利歐一樣，讓自己接受員工的檢視？如果不是，為什麼不呢？

我曾經花了很多時間跟高層管理團隊討論三百六十度的檢視。這是面對真相的關鍵時刻。大多數人都害怕結果。大多數人都沒有勇氣走到這一步。我在與各個執行長合作之前，會先跟他們訪談，這時我會問：您的目標是什麼？您想要改變或做的行為是哪些？很多人回答：「我需要有人幫助我改造我的員工。」以我的經驗，會這樣想的執行長都不願意談論如何解決自己的問題。可是我們已經瞭解到，無法面對關於自己的殘酷事實是一種自我防衛，這會抑制學習。

小結

財捷的員工達八千人，但依舊努力推動讓大家學習地更好、更快。它的領導層對於達成這個使命充滿了熱情，並且親身實際參與整個過程，來顯明這個使命的重要性。財捷跟其領導層還將「愉悅設計」和快速實驗視為是關鍵的學習過程。財捷的故事很有啟發性，原因有以下幾個。

首先，它證明了一家成功的公司要改變自身的文化需要時間，而且只有在高層管理者熱情地投入、參與，以身作則學習新的行為，這種變革才會成功。史考特和史密斯都是親自往外向他人學習。他們拒絕「領導人是無所不知」的假象。他們不認為不知道某些事情是一種缺陷。他們積極尋求他人的回饋，來瞭解自己怎樣可以做得更好。他們和瑞．達利歐一樣，接受驚喜（失敗）是學習一種機會的這個事實。

其次，這個故事顯示，進行快速、低價的實驗是低風險的方式，可以在組織中擴大學習規模。在財捷，快速實驗有助於管理財務風險，並且在實驗無效時降低員工的生涯風險。

第三，這個故事表明，學習是一個重複進行的過程，需要我們具備前面討論過的能力，包括高品質的思考、高品質的學習對話、思想開放、管理個人的情緒和自我防衛。

請各位想想史考特、史密斯和達利歐是怎樣類型的領導者。是裡外一致的嗎？真誠的？謙卑的？無所不知？X理論還是Y理論？精英式的？會以有意義的方式與員工互動嗎？

我們可以這樣想

1. 在本章中，你讀到了哪些令你驚訝的內容？
2. 你最想反思和採取行動的三個收穫是什麼？
3. 你想改變哪些行為？

第十一章

UPS：要「有建設性地感到不滿」

你生來就是充滿好奇的人，會在工作和公司的其他方面看到許多需要改進的地方。你迫不及待想要改正這些缺陷。你有興趣的是改進不好的部分，而不是誇耀好的部分。總之，你是有建設性地感到不滿。——吉姆．凱西，UPS創辦人

我們在上一章討論的財捷案例，是與企業的轉型有關，而本章關於UPS的探討則在講述一個高成效學習型組織（HPLO），是如何從一百多年前小小的店面，擴展到現今成為一個公開上市、全球的巨擘。[1]我之所以選擇UPS做為本書案例，是因為該公司是一個非常強大的案例，可說明如何夠透過一個系統，在規模和運營上表現得如此卓越，而此系統是以員工為中心的政策和科技來促進不斷地學習、改進和調適外在的改變。UPS建立以員工為中心的文化是為了要滿足人們對自主性和個人成長的需求。在這方面，UPS與戈爾公司、豐田一樣，都與員工有共同的默契，員工都知道自己有機會可以因為高成效表現獲得晉升和成長。UPS和戈爾公司的內部晉升政策便使得員工努力向上的工作潛力大大發揮。

UPS是於一九〇七年在西雅圖開始提供信差服務，之後發展成為世界上最大的包

裹遞送公司，二○一二年營收為五百四十一億美元。以這家公司龐大的規模和復雜性而言，它不斷學習和調適的能力是獨一無二的。我先帶各位認識一下UPS：它擁有近四十萬名員工，在地面、空中和各大海洋建構出一個整合性的全球網絡，能將包裹運送到兩百二十多個國家和地區，包括北美和歐洲的每一處地址。UPS還經營世界第九大航空公司，每天處理超過一千五百萬個包裹，往返於八百八十萬客戶之間，並且是以世界上最大的DB2關聯式資料庫和IT基礎設施整合這些運作，而這些IT設施乃是由十台大型主機、近兩萬個伺服器、近二十萬台筆電和工作站組成。UPS網站平均每天處理近四千萬個追蹤詢問。它透過一百二十多個國家的八百個設施提供供應鏈和貨運服務。其客戶聯絡點包括四千七百四十一家實體UPS店面、一萬三千家UPS授權服務據點和四萬個UPS投遞箱。

UPS一直維持高成效表現所憑藉的基礎，其實是直接呼應了本書第五章中闡述的研究結果：員工高度投入、持續不懈的改進，以及謙卑、基於價值的企業領導者。要用短短的一章篇幅講完這家公司一百多年的歷史不太容易，因此我把焦點鎖定在這兩個方面：（1）UPS不斷學習、改進和調適的能力，以及（2）培養高度敬業、大規模人力、還有不斷改進和調適的能力。

公司的DNA：學習、改進和調適

UPS的DNA有四個主要部分：（1）以高度仰賴評量的方式來實施相互當責；（2）建設性的不滿；（3）改進工業工程的流程所累積的益處；（4）人力資源政策支持以員工為中心的文化，從而產生高度敬業、忠誠和高效的員工。

這些因素促使員工嚴格遵守公司的運營政策和程序，創造出類似軍隊的組織結構和紀律，維持已故創辦人吉姆．凱西（Jim Casey）留下的傳統商業價值觀——當年他以一百多美元和一輛腳踏車，白手起家創辦了這家公司。凱西一直以來對於公司營運的改進、個人的當責和各個層級員工保持謙卑多所要求，使得至今全公司仍然上下恪守遵行。他曾說過：「無論我們的計劃構想得多好，除非是由充滿動力和具有誠實之心的人來執行，否則還是會失敗。」[2]除了持續堅守著這份百年歷史的商業價值觀之外，UPS在這個方面同樣令人刮目相看：面對不斷變化的客戶需求和全球現實，UPS還能夠自我轉型。

瞭解這家公司的歷史很重要，因為這樣才能明白，充分的學習和調適能力是如何烙印進入它的DNA裡。UPS第一個增長的領域是地區位置，一九一三年時，它只是在單一城市內經營零售包裹遞送服務（從百貨公司送到消費者），到了一九一九年，它已開始跨出去，經營不同城市之間的遞送。

當時業務進展順利，公司不斷成長，但 UPS 也從未安於現狀。在地區擴張的同時，它也開始建立集中式的物流業務（即將多個客戶的包裹整合到一個遞送車輛中）。當時創辦人凱西還不確定這個新的集中式物流作業是否有效益，於是經營團隊寫信給全美一百多家物流公司，詢問他們是如何獲利的。幾年後，他們比較了同業與其他行業的流程，從系統工程和人力資源的角度去尋找更有效的經營方式。[3] 團隊參觀了不少公司，研究他們的生產流程，包括密西根州的福特汽車工廠、匹茲堡的鋼鐵廠和聖路易斯的 Armor & Company 肉類加工廠。凱西說：「我們並沒有發現真正具有革命性的獨特想法。我們在參訪與研究後發現，看起來應該都是跟學習有關，而學習就是我們已經在做的全部了。」[4]

二次戰後整體社會的生活方式有了重大改變，美國出現了高速公路系統，郊區的購物中心紛紛成立，凱西和他的合夥人預見到零售遞送業務將會大幅下滑。他們意識到，為了生存，UPS 需要將自己轉變為「共通的運送者」——一種從企業到企業的遞送服務——要能夠在全國各地遞送。但這樣卻面臨法律和物流方面難以想像的障礙——許多法規限制跨越州境的商業活動，且郵局幾乎壟斷了全國市場。

UPS 花了將近三十年的時間，堅持努力不懈，終於消除了法律和物流方面的限制。它創建了一個按照每個城市、每一個州、每個地區劃分的全國性網絡，在一九七五年成為全美第一家完成「黃金鏈接 golden link」（也就是能夠向美國本土四十八個州裡的每個地址提供服務的能力）的包裹遞送公司。到一九七七年，它增加了飛往阿拉斯加和夏威夷的航空服務。

UPS 的成長故事並不是完全一帆風順，當中也有從失敗中學習的部分。事實上，雖然紀律和不斷追求改進，使得它在陸路運輸領域享有超高效率與可靠性，但過度關注在陸路運輸，也導致了一九七〇年代末和一九八〇年代初期的一些損失，錯失不少機會，因此學到許多教訓。最顯著的就是航空服務。

UPS 早期曾小規模嘗試過航空服務，但一直沒有很成功。從一九五〇年代到一九七〇年代，UPS 都是以包機的貨運航班經營航空物流，可是只能透過客運航線來運送貨物，效率不高。此時有幾家競爭對手取得了領先地位，一家新創的聯邦快遞（FedEx）在一九七〇年代末和一九八〇年代初突然崛起，主打隔夜送抵，徹底翻轉了物流業。

空運快遞的市場明顯出現，證明 UPS 以地面遞送為主的業務過於短視，因此 UPS 嘗試改正，在一九八五年以外包承運方式建立了一個全國性的隔夜空運網絡。結果整個系統效益不彰，於是 UPS 在一九八八年成立自己的航空公司，掌控複雜的空中運營，培養新型的人力，並以史上最快速度獲得美國聯邦航空總署（FAA）認證。[5]到二〇二三年中，UPS擁有兩百九十架飛機，另外包租兩百八十多架飛機，在北美、歐洲、亞太地區、拉丁美洲與加勒比地區都有航空貨運樞紐。

這家公司成長最重要的關鍵，就是如何面對錯誤，並從中學習的能力。UPS在必要時會進行強力的路線修正。有一位前UPS運營長在談到空運時曾這樣說：「我們快點清醒吧，客戶要的，顯然是國際運輸、包裹追蹤和隔天送達。」[6]在UPS，員工願意承認錯誤，並且瞭解到有必要改變，因為公司的文化是努力追求持續、漸進式的改進。異議、詢問、質疑、挑戰和批評都會受到重視和鼓勵，因為這些都有助於UPS改進。

為了開拓國際市場，UPS必須結合本身卓越的營運、彈性的調適性，以及不怕失敗的心態。本來UPS專注於美國市場的陸路服務，到了一九七〇年代該公司在國際快遞市場上遠遠落後競爭對手。等它終於跨足海外業務，總共花了二十八年才開始獲利，顯示把這項國際業務發展出來是個艱辛的過程。UPS吃了很多苦頭才學習到，從零開始建立全球業務，並要求整體公司一體適用相同的作業方式，這樣不會成功的。UPS最早在加拿大和德國的擴展計畫就拖垮了獲利。但UPS並沒有屈服於內部壓力去阻止虧損，反而是堅持原本的擴張計劃，但在短期內縮減了編制來減輕虧損造成的衝擊。[7]

UPS能夠願意從失敗中學習，也獲得了回報。UPS往前展望，把從國際市場的創業策略轉變為以收購為基礎的策略，並且放寬對全球業務的控制，開始大量進用當地員工。目前該公司超過百分之九十九的全職管理人員都來自當地國家（在四萬五千多名全職管理人員中，只有兩百多名外籍人士）。[8]

透過把眼光放遠、專注於漸進式改進等方法，UPS找到了自己的國際立足點。一九八八年它進入亞太地區，一九八九年進入拉丁美洲，一九九五年進入中國。二〇〇五年，UPS推出了美國和中國廣州之間第一個直航的遞送服務，並獲得了其合資事業夥伴持有的股權，使UPS能夠進入二十三個城市，涵蓋中國超過百分之八十以上的國際貿易。二〇一二年，UPS百分之二十五的收入來自海外。

後來UPS開始體認到，自己必須大幅改進公司內部的IT基礎設施。此時該公司經歷了一個平行學習的過程。早在一九二一年凱西就聘請了工業工程師進行效率、時間和運行的研究，[9]從此UPS不斷針對遞送業務的各個方面進行評量、建立模式與模擬，盡可能提高人員和包裹的移動速度。這種不斷改進的動力是由嚴格的標準所促成，還有全公司對這個口號的堅持：「我們相信上帝。除此之外的每件事，我們都會進行評量。」[10]然而，UPS工業工程師開發的人工遞送流程固然很成功，但之後公司發現，自己在科技方面落後競爭對手。於是在一九八〇年代中期，UPS 決定快速追趕。

從一九八六年到一九九一年，UPS 花了十五億美元改進科技技術，到了一九九二年時已經可以追蹤到所有地面包裹的遞送。到一九九五年，UPS 又為客戶提供一項新服務：在它的網站即可線上追蹤運送途中的包裹。到二〇〇七年，UPS 已花費超過一百億美元將其流程和科技整合起來，使公司能夠全天候二十四小時、全年無休、天天運作。[11]如今，UPS 擁有四千二百九十二名科技人員，不斷使用其龐大的科技基礎設施提高運營效率，同時建造以客戶為核心和用戶友好的運送、電子商務、物流管理的工具。

UPS 現在的遞送與物流業務完全是科學化管理，包括從每個送貨司機手持鑰匙的方法、司機最多必須移動多少距離就能拿起下一個包裹（順便說一下，大約七十五公分）等。[12]但這家公司努力想做得更好。工程副總裁吉姆・荷森（Jim Holsen）曾談到這種想要改善一切的心態：「如果有什麼可以改進，我們是永遠不會滿足於現狀。」[13]

例如，在一九九〇年代開發的手拿式遞送資料收集器（DIAD），就非常具有革命性意義，因為可以讓每個遞送司機連接到 UPS 的網路，進行最新的資料傳輸。如今，運作研究部門的數學高手仍然持續設計演算方式，要將遞送時間再縮短幾毫秒。新進的司機必須參加高科技培訓課程，在模型貨車上面操練 UPS 的三百四十種安全、有效率的物流遞送模式，直到他們能夠像機器人似的，以自動、統一的精準動作來執行任務。[14]

最近UPS的流程管理專家開始推出一種新的革命性工具，要規劃出最短的遞送路線來進一步優化遞送司機效率。這個系統稱為ORION（道路優化和導航整合系統），裡頭包含了大約八十頁的數學公式，可以計算出一名駕駛員一天內可能行駛的路線（這是個天文數字），但同時也留有空間讓駕駛員可以根據過往經驗所獲得的其他知識，來改進電腦所建議的路線。[15]想想看，只要一個簡單的步驟，例如將每個UPS司機一天行駛的距離減少一英里，即可以為公司節省數千萬美元，就不難理解為何UPS要像軍隊般要求精準，還有把流程和人力資本不斷推向達到更快、更高效率的標準。

UPS針對零售電子商務市場的最新一項產品是UPS MyChoice，它是利用ORION這個工具讓客戶主導自己遞送的時間點和條件。由於這項服務的成功，美國財經雜誌Fast Company將UPS評選為二〇一二年度最具創新的五十家公司之一。

UPS致力於開發新的技術，也幫助UPS成為創新企業永續經營上公認的佼佼者。UPS已發展出專有的車載資通訊技術——這是一種電信通訊和資訊技術的整合——來監控貨車和司機的行為與表現。此技術是使用傳感器收集數據資料，測試想法，並且評估遞送效率和燃料使用方面的績效表現，並將貨車變成「行動實驗室」，用來制訂車輛維護週期，減少空轉時間和優化路線。[16]二〇一一年，這項技術，連同專有的先進路線規劃工具，總計減少了八千五百萬英里的行駛里程，從而節省了八百四十萬加侖的燃料和八萬三千公噸的二氧化碳排放量。這些努力，加上UPS擴大其替代性燃料的車隊，使得UPS在二〇一二年標準普爾五百公司碳揭露計劃（Carbon Disclosure Project）的領導力指數中獲得了最高分。[17]

這家公司另一個持續學習的例子是發生在一九九〇年代，當時UPS體認到，為了繼續發展，它需要向現有客戶群銷售新的輔助服務，並且改善客戶體驗，來擴展遞送業務。正如資深管理階層所看到的，UPS在運輸和追蹤方面非常專業，使其能夠促進貨物、訊息和資本的流動，十分有利於它成為「全球商業的推動者」。[18]

一九九五年，UPS成立UPS物流事業群（UPS Logistics Group），提供客製化的供應鏈管理解決方案和諮詢服務。一九九八年，UPS宣傳公司的新策略為「同步化商務」（Synchronized Commerce），然後執行長麥克．依斯庫（Mike Eskew）宣布：「我們的新使命是很有企圖心的。它會推動我們從九百億美元的市場轉向到三點二兆美元的市場。」[19]

在員工持股方面，UPS在一九九九年挑戰了長期以來的做法，採取另一項變革措施，在首次公開募股中出售其百分之十的股權，部分原因是為了支持新的經營策略，提供資金進行收購。它總共募集了將近五十億美元，是當時紐約證券交易所有史以來最大的IPO。從那時起，UPS已經收購了四十家公司來實行這種新的商業模式，並且擴展到運輸業之外，包括提供貨車和航空貨運、零售運輸和商業服務、報關、財務金融，以及國際貿易服務。

到了二〇一〇年，UPS處於另一種轉型模式，進行了稱為「新UPS物流」的新品牌宣傳活動，並且以「我們愛物流」為品牌理念標語，推出新的廣告宣傳活動。雖然UPS一開始的強項是在評量以及盡可能將運作流程做到完善，使每位客戶都能獲得相同可靠的服務（UPS特別強調「相同」），不過此時，UPS執行長史考特・戴維斯（Scott Davis）在二〇一二年年度公司報告中解釋說：「我們一直在研發解決方案，來有效遞送任何客戶所需要的東西，無論何時何地他們有需要。」該公司現在將業務分成六個垂直行業，追求各自收入增長：政府、工業和汽車、專業和消費者服務、醫療保健、高科技和零售，並且分成三個部份報告其財務業績，包括：美國國內包裹、國際包裹、供應鏈與貨運。UPS的經營願景現在是以下列策略為導向：發揮科技效能的運營；提供獨特的、特定行業的客戶解決方案；擴大全球網絡；以及滿足全球終端用戶的需求。[20]

多年來UPS不但想找到做事情的最佳方式，還要找到一種新的方式來做。類似於美國陸軍聚焦在精確度和調適性的做法，UPS 厲害之處在於，不論做什麼，都秉持著「堅守企業文化傳承，堅守經過驗證的營運方式，同時持續學習和改進（例如，創辦人強調的『建設性不滿』的標準）」。這一切都是由一支忠誠、高效的員工隊伍所達成。

高度敬業的員工

吉姆．凱西用了五十多年的時間，透過一種獨特而明確的企業文化，打造出 UPS——企業文化包含正直、品質、尊嚴、尊重、管理、合作、平等和謙卑的價值觀。要瞭解 UPS，就意味著要先瞭解凱西這個人。

他九歲那年父親生病，他只好外出工作養家，十九歲時創辦了他的信差公司。凱西是一位白手起家的成功人士，雖然出身卑微，但從未忘記自己的根，以尊嚴和尊重對待每一個人和員工，他認為這是每個人都應得的。他創建公司的核心理念是：高成效、相互當責、建設性的不滿，還有以員工為中心的政策（管理員工的方式，且員工有機會成為公司股東）。UPS 自一九二七年就制定了員工持股和薪酬方案，在首次公開募股之後，離職和現職員工及其家人擁有公司百分之九十的股份。如今，由於員工、退休人員和創辦人為分散持股而成立的基金會出售股票，因此他們持股比例不到百分之三十。

凱西在文章及演講中，經常提到UPS應該要成為怎樣的公司以及它所需要培養的價值觀。他把這些價值觀傳授給了每一位新進員工，在UPS留下了自己的印記。UPS的高層主管都知道自己的職責是確保這些價值觀、經營方式和照顧員工的方式能夠一直延續下去。UPS企業文化的豐富性可以從每位員工都會收到的公司政策手冊跟凱西演講的綱要看出，而UPS還曾將凱西的演講編輯成一本書，書名為《吉姆・凱西：我們的領導力傳承》（Jim Casey: Our Legacy of Leadership）。從這些演講可以瞭解到，凱西想要建立一個企業，讓在裡面工作的員工能夠引以為傲，因為這是一家卓越傑出的公司。

就像戈爾公司的創辦人一樣，凱西沒有用X理論的觀點看待主管和員工。凱西知道，員工必須全心投入，公司才能持續有高成效的表現，也就是說，組織需要滿足人類對自主性、有效性、關聯性、從屬關係和成長的需求。凱西將員工視為合作夥伴，員工可以透過持股擁有這家企業。他認為領導者和主管要對員工負責，正如員工對彼此和對管理者負責一樣，因此他評量主管表現的一個標準，就是主管是否成功培養出下屬的成就，因為在培養下屬的同時，主管也會培養到自己。[21]他還說：「好的管理不僅是體現在架構組織。好的管理是一種態度，來自於『想要把事情做好』的意志。好的管理是真誠地關心與你一起共事者的幸福。這能夠讓員工覺得你和他們就等同是這家公司，而不僅僅是受雇的人。」[22]凱西親身示範出，「謙遜」才是公司的原則，而自我吹噓、推銷或追求榮耀不是公司原則。

關於未來領導人的這個主題，凱西說：

誰將會是未來的領導人？就是那些現在，此刻，正在奮勇前進的人——不是投機或大吹大擂的人，而是謙虛且安靜的人。他們是樸質、單純的人，跟我們一起把眼前的工作盡力做到最好，無論這些工作是什麼。當他們被賦予更重大的任務時，這樣的人不會讓我們失望。我們的繼任者應該記住，我們在公司任何階段所能擁有的一切傲人之處、傳奇故事和成功，都來自於這麼多盡忠職守的人長年努力累積出來的成果。除非所有人一起共享，否則是不會有什麼傲人之處、傳奇故事，也沒有真正巨大的成功。[23]

若一家公司想要長期維持相同的價值觀，那麼該公司的離職率要很低才行，且培養出一批資深的員工，認為在此工作很有意義。UPS已經做到讓員工持續留任，牢牢遵行公司基本理念。由於UPS長期以來的內部晉升和以員工為中心的政策，很多員工都是從基層的包裹裝卸員晉升為地區主管與主管以上的職位。這一點從以下資料可以獲得充分證明：UPS 的管理委員會有九名成員平均在公司裡工作了三十三年，其中六人是從兼職的員工或司機開始做起。該公司大約百分之五十六的全職司機之前是兼職的司機；將近百分之七十三的全職主管，包括大多數副總裁，都曾經擔任非管理職；百分之四十的全職主管在公司裡服務超過二十年。[24]

儘管近年來 UPS 全球全職員工的留任率沒那麼高了，但在二〇一二年仍保持著百分之九十點二，相對還算是高——尤其是考量到這家公司從一線包裹處理員到高層管理者中間有無數個職位，而且超過二十九萬四千名員工分屬於各種不同的工會和集體談判勞動協議，在全球又有七萬六千名國際員工。二〇一二年，UPS 的美國本土團隊中，有百分之二十七點四的管理階層以及將近百分之四十五的人力來自多元背景。[25]

這家公司的全職和兼職司機人數達十萬，在公司中備受尊重。外界經常以為他們的司機是完全按照公司總部那些書呆子工程師的指令行動，並以此證明這家公司很死板、沒有人情味，但 UPS 的轉型歷史卻顯示出截然不同的實際狀況。不管是基層包裹處理員還是高層管理團隊，不管是美國印第安納波利斯還是亞洲伊斯坦堡的運營，都可以清楚地看出 UPS 人力資源政策是以員工為中心，而且是民主的。

UPS的高層主管喜歡提醒大眾，他們的政策是平等主義，例如在文字上和圖像上都「敞開大門」歡迎員工提供想法（凱西一直這樣做）、整個組織中彼此都直呼名字；又例如白領員工不可以在辦公桌上吃飯（這是為了尊重藍領現場同事，因為他們沒有這麼奢侈的環境）。實踐這些企業文化當然很重要，但那些更深層的、長期存在的人力資源政策，則帶來了更長遠的影響。UPS的績效評量和獎勵系統的基礎，是關鍵性績效指標，加上公司長期以來強調的公正、不可利己。薪酬方案使得員工（不分兼職或全職，不分基層或高層，也不分是否為工會員工）可以長期持有公司股票，[26]而員工「自由人」計劃則讓UPS員工可以有升值管道，可以申請調動到公司任何的地方。[27]公司還為兼職員工提供全職員工的福利，包括醫療和牙科保險以及學費補助，在整個組織員工的薪資和福利方面領先於同行其他的業者。[28]

財務長寇特・庫恩（Kurt Kuehn）之前在擔任行銷業務資深副總裁時，曾向我形容UPS的企業文化是一種「相互當責」，他說：「每個人為其他人的績效負責——做對、而且做好。」他還補充說：「我們在使用評量系統時，會試著將性格和辦公室政治因素排除在績效評判之外。」[29]

這個說法可以從喬治亞的亞特蘭大UPS總部獲得佐證，這裡的組織可以說相對上是平等的。我去拜訪這邊的總部時，發現最高階層的十二名主管都在四樓辦公，而不是在總部大樓的最高樓層。所有高層主管的辦公室都同樣大小，共用資深的行政助理。這些高層主管並沒有什麼豪華轎車或配有司機，也沒有特別的用餐空間。在這邊的四樓很少看到有人穿著高級義大利西裝、法式袖釦或訂制襯衫。[30]

從 UPS 這家企業的成長和學習，也可以看出它投入大量資源在不斷培養和幫助員工發展。早在 UPS 成立初期，它就培養了一種師徒制的文化，希望促進領導力的發展來支持其內部晉升的政策。在一九六〇年代，UPS 啟動了正式的、由講師帶領的培訓計劃。後來到了二〇〇八年公司發現，靜態的培訓和領導力發展方法顯然無法繼續服務日益增加的全球人力——此時固定在實體辦公室內部工作的人力，不到百分之二十，其他都分布在各地現場。[31]於是公司開始了一項雄心勃勃的計劃，加強把所有培訓納入其全球線上學習的系統。二〇一二年時，「UPS 大學」開始在電子平台上提供各種內容，使員工隨時隨地都可以進行學習，獲得成長。這也讓以管理為導向的培訓與員工個人發展規劃變得靈活而有彈性。

UPS 領導力與發展副總裁安妮．施瓦茨（Anne Schwartz）曾對 CIO 雜誌表示：「我們相信經過我們培養的人，在學會了公司的事務和營運之後，會比我們從街頭雇來取代他們的那些新人，更瞭解公司業務。投資員工是我們公司的特點，而這個特點可以從我們是以學習的機會投資在我們員工身上看出。」[32]

UPS的高層主管還瞭解到，公司傳統上由講師指導、授課形式的新司機培訓計劃，對於X和Y世代員工已不再適用，而這些年輕世代人數的占比越來越高。UPS全球學習網路總監瑪麗·凱·寇普（Mary Kay Kopp）表示：「當我們的年輕司機開始需要更多時間才能上手時，還有他們當中有越來越多人在最初的培訓期間就離職了，我們意識到我們需要做出調整。」[33]

UPS從美國勞工部獲得了一百八十萬美元補助款，與頂尖科技大學和一家動畫公司合作，研發了一個稱為UPS Integrad的互動式、實際操作的培訓計劃，在馬里蘭州設立了一個總價五百五十萬美元、佔地一萬一千五百平方英尺的訓練中心。這個計劃結合了運用電腦的訓練、模擬、虛擬學習和自學，使得UPS大幅提昇了司機的熟練程度，並且減少了第一年受傷和事故的發生。[34]

UPS打造了一個獨特的組織，雖然不見得適合每一個人。它是一個運營績效卓越的巨大組織，藉由評量來管理，透過技術達成目標。然而，它並沒有失去以創辦人信念和價值觀為基礎的人性化本質。UPS建立了一個學習系統，結合企業文化、領導行為、評量標準和獎勵，一起推動持續不斷的改進和建設性的不滿。結果是，該公司避免了自滿、傲慢和精英主義（這些常常會毀掉持續高成效的表現）。

但UPS最近的兩項發展——兼職員工佔比很大（二〇一二年為百分之四十五）和二〇一三年決定停止提供醫療福利給全職員工的配偶（符合雇主為正職員工投保範圍者）——引發了公司是否已經開始改變固有DNA的問題。

UPS的商業模式也面臨著一些新的和持續的挑戰，包括由於美國主要零售業者的電子商務策略而導致的競爭日益加劇，例如不斷增加配送倉庫網絡的亞馬遜（Amazon），還有沃爾瑪（Walmart）和百思買（Best Buy），它們直接就可以從店家運送更多的線上訂單貨物。此外，UPS已將其當前模式的大部分押注在中國的產業增長上，但不斷上漲的燃料成本、增加的工資，以及智慧財產權的盜版，使得將製造業外包給中國已變得沒那麼有利潤了。

鑑於這些現實狀況，UPS將其未來成長重點放在（1）新興市場，尤其是亞洲；（2）特定行業的經銷和物流，尤其是醫療保健；（3）全球全通路零售和B2C的解決方案。[35]

這項策略在內部是否會成功，得取決於UPS能不能維持其對員工、學習環境和流程的承諾，而至今這些已成了這家公司調適能力的基礎。就UPS的企業文化、領導行為和以員工為中心的政策所表現出的優勢和一致性來看——這些共同促進了對HPLO非常重要的學習行為——這家公司可能會繼續彰顯它長期秉持的公司價值觀和其創辦人的理想，就如凱西在將近七十年前所說的一個理念：「我們的公司因員工的成長而成長，我們的員工因公司的成長而成長。而未來也會如此。」[36]

我們可以這樣想

1. 在本章中，你讀到了哪些令你驚訝的內容？
2. 你最想反思或採取行動的三個收穫是什麼？
3. 你想改變哪些行為？

後記

我在前言裡說過，撰寫本書的目標之一，就是要建立一個「如何成為學習型組織」的藍圖。這裡在我想要重新為大家複習一些基本要點，希望各位在努力建立學習型組織之際，可以牢記在心。

關於學習的人

學習，基本上是一個過程，透過這個過程，我們每個人創造出關於我們這個世界、具有意義的故事——目的是要使這些故事更為準確，這樣我們才能夠更有效地採取行動。而以下三種心態可以增強學習的這個過程。首先，我們必須接受**我們的所知有限**。其次，我們必須體認到，**我們以為自己知道的一切其實都是有條件限制的，並且會根據新的事證而改變**。第三，也是最重要的，**我們必須努力，盡自己所能成為最好的學習者，來定義我們的自我價值**，而不是靠著「我相信的事」或「我以為我知道的事」來定義。這三種心態可以幫助我們抵消我們的自我防衛和自動產生的否認、防禦和轉移焦點，幫助我們降低「想要透過認知與情感來尋求確認和肯定」的情況，免得我們無法直接面對殘酷或感到不快的事實。傲慢，以及害怕失敗、害怕別人不喜歡我、不接受我、害怕我看起來很愚蠢等等，

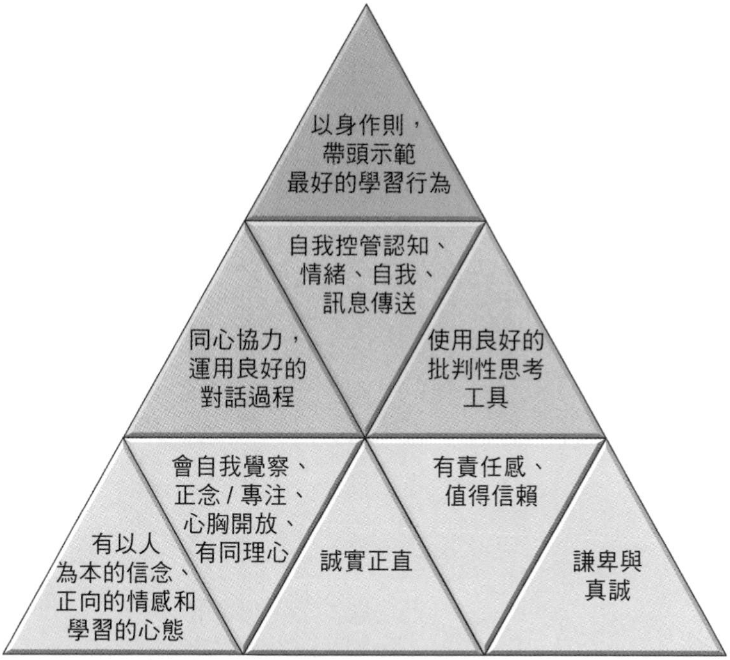

圖 學習型領導者具備的能力特質

而這些都會抑制學習。

學習還需要三種良好的後設自我管理技能：**後設認知**、**後設溝通**、**後設情感**。我們需要覺察出何時要將我們的思考和溝通提升到更高、更專注和審慎的層次——換句話說，也就是要注意何時從系統1轉移到系統2。我們需要覺察到，我們正在透過自己的情緒、肢體語言和聲音發送的訊息。我們還需要採用上述三種心態來管理我們對失敗、懲罰和不被喜歡的恐懼，因為所有這些都會抑制批判性的探究、辯論、同心協力和學習。

所有這些不僅適用於個人學習，也適用於組織學習。最成功的學習型組織是能夠創造一個環境，培養和促進這些學習的行為和心態。

將現有組織轉變為學習型組織需要從最高層開始改變。財捷是對的——「埋葬凱撒的時候到了」。領導者必須瞭解並宣揚學習的重要性，必須真誠與謙卑，並且要有人情味。領導者態度和行為中的精英主義也需要被埋葬。UPS、戈爾公司和橋水基金的相互當責模式應該成為主流——領導者應該每天從行為上贏得員工的尊重，而不是認為自己位高權重，員工就應該要表示尊重。正向、認真傾聽、思想開明、胸懷公正，以及用正面的態度鼓勵學習，搭配上一頁圖裡顯示的學習型領導者能力，這些都是每個領導者和主管都需要具有的行為。

這些行為必須藉由三百六十度的檢視加以評量，而且從領導者／主管級別一直到最高層都要獎勵這些行為。具有這些特點的領導者是創建學習型組織的第一步。

關於學習的環境

下一步是設計一個「學習系統」和工作環境，將組織的文化、結構、領導行為、人力資源政策、評量標準和獎勵密切結合起來，來促成和推動那些期望人們出現的學習行為。如果學習系統能鼓勵員工出自內在動機主動學習，並且幫助他們滿足自主性、有效性、關聯性、個人成長和歸屬感的需求，那麼學習系統變可以達到最好的效果。

要滿足這些需求，就必須讓員工感受到真正的尊重、關心和信任，而這種信任和當責必須是相互的——領導者和組織必須贏得「學習者」的信任，也要承擔責任。以這些原則為基礎的學習系統會產生「有意義的關係和有意義的工作」，就像橋水基金和戈爾公司的系統那樣。學習環境則必須持續不斷透過企業文化、領導行為、評量標準和獎勵向員工傳達正確的訊息。UPS 在這方面做得就格外地好。

這些系統最關鍵的地方在於瞭解：為了學習，組織的成員和組織本身都必須做出改變。改變在認知上和情感上都很難，通常需要他人的幫助；而學習是一項團隊活動，透過小團隊可以滿足個人對自主性、關聯性、歸屬感和有效性的需求。為了改變，人們必須克服自身恐懼，坦然向團隊成員承認自己的錯誤、弱點和無知。如果各位真的想要建立一個有效的學習型組織，就必須思考以下兩個重要面向：你是如何對待別人？對方覺得自己是怎樣被對待？以人為本、正向的環境，加上領導者願意以身作則，採取這些學習行為，則能有助於消除學習障礙。允許自由發言、允許失敗但必須從失敗中學習（或者像戈爾公司，用一條「吃水線」當成失敗的觀察指標），這些是非常關鍵的。

學者的研究已經證實正向的力量。正向的工作環境能夠提高員工的參與度和學習，而正向的個人感受可以促進個人學習。美國陸軍在超過一百萬名士兵的訓練中引入正向心理學——這是一個具有指標意義的重大措施，而企業如果想要盡可能提高員工的調適性、學習能力和韌性，就必須關注正向心理。顯然，這些正向的工作環境不一定是很「柔和」。本書中所討論的企業都一直有高成效的表現。高成效、高責任感和正向性並不相互排斥。

本書討論到的另一個關鍵重點，則是學界針對「哪些因素會引發高度投入的學習」，以及商業界關於「哪些因素會使員工高度參與」，這兩個領域的研究結果是一致的。只要仔細思考就會發現，這種一致性並不令人驚訝，因為這兩個領域都跟以下有關：想要弄清楚什麼樣的環境和什麼樣的教師／主管／領導者的行為，能夠讓人更有效地投入其中。這些發現使我們能夠得出這樣的結論：要成為一個優秀的學習型組織，就需要有蓋洛普Q12® 所定義的高員工參與度。

關於學習的過程

在建立了正確的學習系統和環境之後，構建學習型組織的下一個部分是將批判性思考過程和學習型對話制度化。像橋水以「追求真實」為基礎的企業文化，推動的方式是從根本上讓所有人都體認到，我們並非自以為的那麼聰明，也不像我們以為的善於思考或溝通。這就是為什麼流程會有幫助的原因。而且核心的學習歷程，一定包含：分析根本原因、將自己的想法及預設加以拆解和檢驗、啟動學習過程、事前調查、行動後學習。

以下這四個批判性思考問題可以做成一個檢查表，壓在辦公桌上的玻璃夾層，做為提醒：

- 我真正知道什麼？
- 我不知道什麼？
- 我需要知道什麼？
- 我如何學習我需要知道的東西？

同樣的，我們每天做決策時，每天的工作流程中，都需要思考這些問題：我的信念是什麼？有什麼事實支持我這個信念？什麼事實證實或質疑我這個信念？我所做的預設是什麼？這些預設有事實根據嗎？我從我的預設中得出什麼推論？這些推論合理嗎？以上這些問題有助於突顯出我們個人的無知和懷疑，而無知和懷疑應該要帶來學習。

你能建立一個高成效學習型組織嗎？

有人問過我，上述這些研究結果真的適用於大型的企業組織內嗎？我的回答是：視情況而定。追求永續經營的私人企業（例如戈爾和橋水），若是可以徹底實踐學習模式，是很有可能能辦到。戈爾已將自己的學習模式擴展到全球超過一萬名員工，因為保持「戈爾之道」已經成為繼任領導團隊堅定追求的目標。來自內部的領導接班人是關鍵要點。麥肯錫公司是另一個很好的例子，顯示私人企業既能夠擴展規模，又不會失去創辦人的核心本質。在私人公司更容易做到這一點嗎？是的。關鍵在於從內部有成功的領導繼任。這是橋水目前正在面臨的挑戰。

至於上市公司，UPS 超過四十萬名員工共同體現了高度敬業精神和卓越的運營模式，因為凱西的理念仍然留存在 UPS 之中。如果繼任領導者是在企業文化中培植出來的，而且多年來一直力行實踐公司價值觀，那麼擴大規模是可能的。其他不錯的例子還有像是好市多、Corning, Inc.、Sysco 以及西南航空（Southwest Airlines）等，這些上市公司都已經達到此一目標。維持創辦人的企業文化是關鍵所在，而如果一個組織沒有建立一個內部領導繼任管道來維持企業文化的精神，那就會很困難。這是當今許多優秀的學習型公司面臨的挑戰，例如星巴克、亞馬遜和谷歌。

我認為規模、效率和學習並非互斥的。這點從美國陸軍、海軍和海軍陸戰隊、UPS 和豐田的例子可以證明。這些組織是完美的嗎？不。在當今世界，沒有組織是完美的，因為組織是由人組成的，而人會犯錯。有人會質疑美國陸軍、海軍和海軍陸戰隊的例子，指出這些組織的重點在於「指揮與控制」。但如果各位深入瞭解這些組織，的確是會發現裡頭有強大的指揮能力，但也會發現小單位的結構能夠促進士兵展現高度的參與及學習能力。各位會發現，他們對於職責、榮譽、勇氣和服務有強烈且具意義的價值觀，這些價值觀可以滿足士兵對自主性、關聯性、歸屬感、有效性和個人成長的需求。同樣重要的是，各位也會發現，這些組織非常積極參與以學習科學為基礎的學習和改進計劃。

那麼，如果有一家上市公司，創始人已經不在了，假如它想要改造自己成為學習型組織，會怎麼樣呢？那更難。資本市場只重視如何為股東創造價值（而股東持有股權的時間並不長），使得要建立優秀的學習型上市公司變得很困難。我在先前的著作《聰明增長》（Smart Growth）中表示，短期主義主導了我們的公開資本市場，抑制了增長和創新。上市公司的平均持股時間低於十二個月，而且財富五百強上市公司執行長的平均任期不到五年（準確地說是四點六年），這些事實在在說明短期主義的盛行。如果沒有像一九九三年路易斯·郭士納（Louis Gerstner）在IBM接手時遇到那種重大危機的情況，要在四點六年內將一家現有的上市公司轉變為一家優秀的學習型組織，可能性非常小。

即使一個執行長無法在四點六年將一家現有的公司轉變為一家偉大的學習型公司，卻可以開始推動創建一個偉大的學習型公司，並在任職期間看到益處。同樣，一家現有的上市公司可以落實批判性思考、發現和實驗的流程，以及行動後學習——但這些流程的成效取決於是否採用和將上述關鍵的學習推動因素系統化。

如果你是領導者、主管或團隊成員，而你想改變你的組織，我能提供給你的最好建議就是先改變你自己，然後開始從你能影響的範圍著手，像是你可以影響的人，或者你想尋求指導或領導的人。去瞭解每個人的個性和情感。瞭解他們的希望、夢想、恐懼和擔憂。然後幫助他們學習更多，這樣他們就可以變得更好。為你自己和你的團隊制定學習行為的準則，以尊重和有尊嚴的方式對待別人，並允許他們自由發言而不必擔心受到懲罰。要營造一個尊重、相互支持和負責、正向的團隊文化。

各位可以帶頭示範如何能夠思考和溝通得更好。承認自己的無知和錯誤。要真誠。行事謙遜，關懷他人。讓大家主動投入，這樣他們會覺得自己某種程度上能夠掌控自己的命運。要誠實，設定高標準，讓每個人（包括你自己）都遵守這些標準。遵循戈爾公司的信條——成為人們希望的那種領導者。管理你的思維、情緒和溝通方式。保持覺察與專注當下。努力充分參與每一次溝通，並專注於發揮正面的影響力。

本書提出的看法，挑戰了工業革命以來的主流管理模式和組織模式（亦即大型的指揮控制結構，領導者秉持X理論）是否還可以持續下去。如果我們想要打造調適性強的學習型組織，我們需要將我們的管理模式人性化，而這需要許多公司從根本上改變對員工的態度和行為。這樣意味著我們最終也必須使資本市場人性化。或者我們需要形成新的資本市場，來支持建立永續的、創造價值的、以人為本的學習型公司。有趣的是，很多參與創建調適性學習組織的企業都是私人公司，若是上市公司，則創辦人是擁有重要的所有權位置或投票權。

此外，管理層和資本市場還必須接受「學習過程效率不高」的事實。同心協力合作需要時間。創造和維持員工的高度投入，更需要大量的努力和時間。橋水基金、財捷、IDEO和戈爾等組織證明，投入時間，努力學習，可以創造持續一致的價值。

本書提出的觀點之一是，一般普遍認為，管理上只能在員工有高度責任感和員工高度投入之間做選擇，但這是一種錯誤的二分法。持續的高成效表現既需要員工有高度責任感，也需要員工高度投入。同樣的，在運營卓越和創新之間必須做出選擇，也是一種錯誤的二分法。運營卓越和創新都依賴學習。兩者都需要 HPLO 的公式，關鍵的差別是在於對失敗的容忍度。

我喜歡告訴學生，企業並沒有特別複雜難懂。經營企業的原則非常簡單——**困難在於執行**，因為執行涉及到人。創建高成效學習型組織的原則也是如此。學習的科學和學習過程在許多方面都算是容易做到的部分。困難的部分是每天要有紀律地貫徹執行。我在第一章中曾主張，更好更快地學習，是在經營策略上必須要做的事。學習可以在個人和組織上產生積極的轉變，而且我相信維持這種積極轉變的過程、並加以制度化，會是一種長期持續的競爭優勢。

學習之旅就像是一趟旅程。它既是持續的「追求真實」之旅，也是情感之旅。不論是領導者、主管，還是團隊成員，各位要做的一件事情就是「邀請（invite）、接納（include）、激勵（isnpire）[1]」其他人跟你一起展開學習的旅程。

各位朋友，祝您旅途愉快！

註釋及參考書目

編按，本書各章均有大量註釋，正體中文版已忠實標示註釋編號。作者於參考書目亦列出許多重要著作。若將註釋與參考書目文字全部排版進入紙本書，本書將增加超過64頁篇幅，致訂價大幅上漲。

為盡力降低讀者負擔，兼顧節約用紙與環境永續，歡迎讀者自下列QR Code免費下載本書註釋與參考書目，檔案型式為PDF。

也歡迎來信免費索取檔案，信件請寄至 ylib@ylib.com 主旨請註明「索取高成效學習法則註釋與參考書目全文」

高成效學習法則：

變動時代個人與組織的最佳學習方法，持續創造超高表現，穩定領先

LEARN OR DIE:

Using Science to Build a Leading-Edge Learning Organization

作　　者　愛德華・海斯 Edward D. Hess
譯　　者　曾婉瑜
行銷企畫　劉妍伶
責任編輯　陳希林
封面設計　陳文德
內文構成　陳佩娟

發 行 人　王榮文
出版發行　遠流出版事業股份有限公司
地　　址　104005臺北市中山區中山北路1段11號13樓
客服電話　02-2571-0297
傳　　真　02-2571-0197
郵　　撥　0189456-1
著作權顧問　蕭雄淋律師

2023年07月01日 初版一刷
定價 平裝新台幣420元（如有缺頁或破損，請寄回更換）

ISBN　978-626-361-158-0
遠流博識網　http://www.ylib.com • E-mail: ylib@ylib.com

圖書館出版品預行編目(CIP)資料

高成效學習法則：變動時代個人與組織的最佳學習法則，持續創造超高表現，穩定領先 / 愛德華．海斯 (Edward D. Hess) 著；曾婉瑜譯．
-- 初版．-- 臺北市：遠流出版事業股份有限公司, 2023.07
面；　公分

譯自：Learn or die : using science to build a leading-edge learning organization

ISBN：978-626-361-158-0（平裝）

1.CST: 學習型組織 2.CST: 組織學習

494.2　　112008776